Office 办公软件实用案例教程

董夙慧　尹振鹤　主编

苏州大学出版社

图书在版编目(CIP)数据

Office 办公软件实用案例教程 / 董夙慧,尹振鹤主编. —苏州:苏州大学出版社,2017.11
ISBN 978-7-5672-2275-5

Ⅰ.①O… Ⅱ.①董… ②尹… Ⅲ.①办公自动化—应用软件—高等职业教育—教材 Ⅳ.①TP317.1

中国版本图书馆 CIP 数据核字(2017)第 274054 号

Office 办公软件实用案例教程

董夙慧　尹振鹤　主编

责任编辑　征　慧

苏州大学出版社出版发行

(地址:苏州市十梓街 1 号　邮编:215006)

宜兴市盛世文化印刷有限公司印装

(地址:宜兴市万石镇南漕河滨路 58 号　邮编:214217)

开本 787 mm×1 092 mm　1/16　印张 14.5　字数 357 千
2017 年 11 月第 1 版　2017 年 11 月第 1 次印刷
ISBN 978-7-5672-2275-5　定价:33.00 元

前 言

随着信息技术的飞速发展,计算机类课程体系和教学内容的改革也在不断深化,计算机基础类课程在内容上已经有了很大的变化。本书按照教育部提出的"计算机教学基本要求"编写而成,可作为各类院校计算机公共基础课教材。在编写内容上,力求学以致用、基础教学内容广泛。在编写形式上,力求深入浅出、图文并茂。

本书采用"任务驱动"的方式设计教材体系,即每一个项目教学均由一个精选的案例引入。书中的许多案例或是由企事业单位实际工作中的经典案例改编而成,或是取自教学实践中的一些技巧性案例。本书以实践技能为核心,注重全面提高学生的实践技能和实践素养。学生首先学会做,在做的过程中掌握相关的知识和基本的操作技能,提高学生的学习兴趣。同时,每个项目提供了"拓展项目",对相关知识进行拓展介绍,使学生更系统全面地掌握相关知识与技能。

本书的编者都是多年从事一线教学、具有丰富教学经验的优秀教师,对该课程的教学内容和教学理念形成了系统的认识,在编写本书时将这些感悟融入其中。本书层次清楚、通俗易懂、实用性强,不仅适合作为职业类院校的教材,而且适合作为在职人员的学习和参考用书。

本书由董凤慧、尹振鹤主编,杨翠芳、陈辰、王观英、刘晓辉、周贺参加编写和审核工作。全书共分21个项目,其中项目一至项目九介绍了Microsoft Word应用实例;项目十至项目十八介绍了Microsoft Excel应用实例;项目十九至项目二十一介绍了Microsoft PowrPoint应用实例。

由于作者水平有限,在编写过程中难免有不妥之处,恳请读者提出宝贵意见!

编 者

2017 年 10 月

目 录
contents

项目一

公文的排版

 项目简介

公文是职业生涯中经常接触的一类文体,公文排版的学习和应用是办公生涯的第一步。红头文件是日常办公中很常见的一种文件形式。不同单位所使用的标准可能有所相同,但其制作和生成都是有一定的规律可循的。下面我们先来学习一下公文的基本分类。

（1）决议。经会议讨论通过的重要决策事项,用"决议"。

（2）决定。对重要事项或重大行动做出安排,用"决定"。

（3）公告。向内外宣布重要事项或者法定事项,用"公告"。

（4）通告。在一定范围内公布应当遵守或周知的事项,用"通告"。

（5）通知。发布规章和行政措施,转发上级机关、同级机关和不相隶属机关的公文,批转下级机关的公文,要求下级机关办理和需要周知或共同执行的事项,任免和聘用干部,用"通知"。

（6）通报。表扬先进,批评错误,传达重要精神、交流重要情况,用"通报"。

（7）报告。向上级机关汇报工作、反映情况、提出建议,用"报告"。

（8）请示。向上级机关请求指示、批准,用"请示"。

（9）批复。答复下级机关的请示事项,用"批复"。

（10）条例。用于制定规范工作、活动和行为的规章制度,用"条例"。

（11）规定。用于对特定范围内的工作和事务制定具有约束力的行为规范,用"规定"。

（12）意见。对某一重要问题提出设想、建议和安排,用"意见"。

（13）函。不相隶属机关之间相互商洽工作、询问和答复问题,向有关主管部门请求批准等,用"函"。

（14）会议纪要。记载、传达会议议定事项和主要精神,用"会议纪要"。

如图 1.1 所示就是利用 Word 2010 软件制作的公文排版案例。

共青团南方医科大学
基础医学院委员会文件

基础团发字（2015）24 号

关于我院举办 2015 级
专业对抗辩论赛活动的通知

顺德校区全体学生：

　　为了丰富学生的校园文化生活，提高学生的思辨能力及表达能力，加强各专业间的联系与交流，基础医学院团委素质拓展部决定举办第十四届专业对抗辩论赛。现将具体事项通知如下：

　　一、活动目的

　　通过此次辩论赛，达到增强学生的逻辑思维能力，表达能力和临场应变能力的目的。同时，通过专业之间的对抗，既能加强各班级间团队合作的意识，也能增强各专业间的联系，增进院内学生的友谊。

　　二、活动地点

　　南方医科大学顺德校区春华堂 4201

　　三、活动时间

图 1.1　专业对抗辩论赛活动通知

知识点导入

1. 插入编号：执行【插入】→【符号】→【编号】命令。
2. 设置首行缩进：执行【开始】→【段落】命令，在"特殊格式"选择"首行缩进"。
3. 设置页边距：执行【页面布局】→【页面设置】→【页边距】命令。
4. 绘制形状：执行【插入】→【插图】→【形状】命令。
5. 设置字体颜色：执行【开始】→【字体】→【字体颜色】命令。
6. 插入特殊符号：执行【插入】→【符号】→【符号】→【其他符号】命令。

解决方案

任务 1　新建文档

1. 启动 Word 2010，新建空白文档。
2. 设置文档的页面大小为 A4，纸张方向为纵向。
3. 将新建的文档保存在桌面上，文件名为"专业对抗辩论赛活动通知"。
4. 设置页边距：执行【页面布局】→【页面设置】→【页边距】→【自定义边距】命令，在打开的"页面设置"对话框中设置上、下、左、右页边距分别为 3.7 厘米、3.5 厘米、2.8 厘米、2.6 厘米。

任务 2　设置标题

1. 输入表格标题"共青团南方医科大学""基础医学院委员会文件",并设置为"宋体""小初""红色""加粗""居中",如图 1.2 所示。

2. 空两行后输入"基础团发字(2015)24 号",并设置为"仿宋 GB2312""三号""加粗""居中",如图 1.2 所示。

共青团南方医科大学
基础医学院委员会文件

基础团发字〔2015〕24 号

图 1.2　输入标题并设置

任务 3　制作公文中红色反线

1. 执行【插入】→【插图】→【形状】→【直线】命令进行绘制,如图 1.3 所示。

图 1.3　插入直线

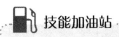

技能加油站

绘制直线时,可按住【Shift】键以绘制水平或竖直直线。

2. 编辑形状直线。

(1) 执行【绘图工具/格式】→【排列】→【位置】→【其他布局选项】命令,在打开的"布局对"话框中选中"水平"项中的"对齐方式"单选按钮,并设置为"居中",设置"相对于"为"页面";选中"垂直"项的"绝对位置"单选按钮并设置成"7 厘米"(平行文或下行文标准,上行文为 13.5 厘米),设置"下侧"为"页边距",如图 1.4 所示。

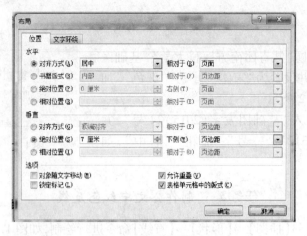

图1.4　设置直线位置

（2）在【大小】选项组中将"形状宽度"设置为"15.5厘米"。

（3）右击直线，在弹出的快捷菜单中选择【设置形状格式】命令，在打开的"设置形状格式"对话框中单击"线条颜色"选项，将"颜色"设置为"红色"。

（4）单击"线型"选项，将"线型宽度"设置为"2.25磅"，单击"确定"按钮退出。

制作完成后的效果如图1.5所示。

共青团南方医科大学

基础医学院委员会文件

基础团发字〔2015〕24号

图1.5　公文红色反线制作

任务4　输入文本

按照样张，输入文本内容，如图1.6所示。

关于我院举办 2015 级
专业对抗辩论赛活动的通知
顺德校区全体学生：
为了丰富学生的校园文化生活，提高学生的思辩能力及表达能力，加强各专业间的联系与交流，基础医学院团委素质拓展部决定举办第十四届专业对抗辩论赛。现将具体事项通知如下：
活动目的
通过此次辩论赛，达到增强学生的逻辑思维能力，表达能力和临场应变能力的目的。同时，通过专业之间的对抗，既能加强各班级间团队合作的意识，也能增强各专业间的联系，增进院内学生的友谊。
活动地点
南方医科大学顺德校区春华堂 4201
活动时间
2015 年 11 月 24 日晚上 19:00
参加人员
基础医学院团委书记　　　　　　　曾　寅
基础医学院团委副书记　　　　　　董哲宇
基础医学院科协主席　　　　　　　冯　涛
南方医科大学校辩论队成员　　　　吴　际
2015 级各专业学生
相关事宜
1. 选手将以班级为单位报名参加活动。
2. 请所有参加活动的人员提前到场，自觉遵守会场秩序，不得随意走动。
共青团南方医科大学基础医学院委员会
2015 年 11 月 23 日

图1.6　输入文本

任务5　设置文本格式

1. 标题位于红色反线空一行之下,并设置为"宋体""二号""加粗""居中"。
2. 将"顺德校区全体学生:"设置为"仿宋 GB231""三号""加粗"。
设置完成后的效果如图1.7所示。

关于我院举办 2015 级
专业对抗辩论赛活动的通知

顺德校区全体学生:

图1.7　标题格式的设置

3. 将正文各段设置为"仿宋 GB231""三号"。
4. 选中正文各段并执行【开始】→【段落】命令,在"段落"对话框中设置"特殊格式"为"首行缩进","磅值"为"2字符"。

任务6　添加编号

1. 选中"活动目的""活动地点""活动时间""参加人员""相关事宜"。
2. 单击鼠标右键,在弹出的快捷菜单中选择【编号】命令,按样张选择适合的编号,如图 1.8 所示。

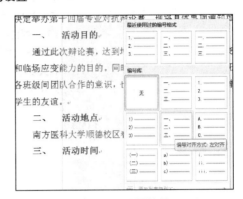

图1.8　设置编号

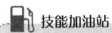 技能加油站

　　在编辑编号格式时,如果想对编号进一步美化编辑,可以右击编号,在弹出的快捷菜单中执行【编号】→【定义新编号格式】命令,在打开的"定义新编号格式"对话框中进行设置。

任务7　制作公文主题词

1. 输入文字,如图1.9所示。

主题词:思辨能力　团队精神　辩论赛
抄报:基础医学院顺德校区曾寅书记
抄送:基础医学院顺德校区各专业
基础医学院团委　　　　　2015 年 11 月 24 日印发

图1.9　输入主题词

2. 设置文字格式。
(1)选中"主题词"并设置为"黑体""三号",其余文字设置为"仿宋 GB231""三号"。
(2)选择第2、3、4行,在"段落"对话框中设置"特殊格式"为"首行缩进",在"磅值"中选择"2字符"。

（3）执行【插入】→【插图】→【形状】→【直线】命令，在每行下方绘制平行直线并右击，在弹出的快捷菜单中单击【设置形状格式】命令，将"线条颜色"设置为"黑色"。在"大小"选项组中将【形状宽度】设置为"15.7厘米"。主题词格式设置完成后的效果如图1.10所示。

2015年11月24日晚上19:00

四、参加人员

基础医学院团委书记	曾寅
基础医学院团委副书记	董哲宇
基础医学院科协主席	冯涛
南方医科大学校辩论队成员	吴际

2015级各专业学生

五、相关事宜

1. 选手将以班级为单位报名参加活动。

2. 请所有参加活动的人员提前到场，自觉遵守会场秩序，不得随意走动。

共青团南方医科大学基础医学院委员会

2015年11月23日

主题词：思辩能力　团队精神　辩论赛

| 抄报：基础医学院顺德校区曾寅书记 |
| 抄送：基础医学院顺德校区各专业 |
| 基础医学院团委 | 2015年11月24日印发 |

图1.10　设置主题词格式

 技能加油站

公文由于分类较多，每类公文的格式也不尽相同。因此想做好公文排版，还要多学习公文的写作格式等知识。

拓展项目

制作如图1.11所示的行政公文。

图 1.11　行政文档

操作步骤如下：

1. 启动 Word 2010,新建空白文档。

2. 设置文档的页面大小为 A4,纸张方向为纵向。

（1）执行【页面布局】→【页面设置】→【页边距】→【自定义边距】命令,打开"页面设置"对话框,设置上、下、左、右页边距分别为 3.5 厘米、3.5 厘米、3.2 厘米、3.2 厘米,如图 1.12 所示。

（2）选择"文档网格"选项卡,选中"只指定行网格"单选按钮,如图 1.13 所示。

图 1.12　设置页边距

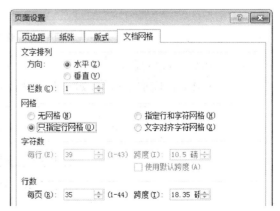

图 1.13　设置文档网格

3. 输入文字,如图 1.14 所示。

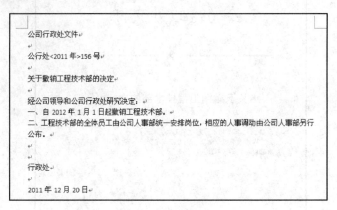

图 1.14　输入文字

(1) 将文字"公司行政处文件"设置为"黑体""小初""红色""居中"。

(2) 选中"公行处 <2011 年 >156 号",并设置为"黑体""小四""红色""右对齐"。

(3) 选中标题"关于撤销工程技术部的决定",并设置为"黑体""二号""居中"。

(4) 将其余各段设置为"黑体""四号"。

(5) 选中最后两行并设置为"右对齐",为倒数第 2 行插入空格。

字体格式设置后的效果如图 1.15 所示。

图 1.15　设置字体格式

4. 制作公文红色反线及五角星。

(1) 在第 2 行增加空格符,如图 1.16 所示。

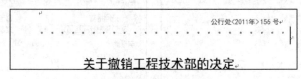

图 1.16　添加空格符

技能加油站

　　如不显示空格符,可执行【文件】→【选项】命令,打开"Word 选项"对话框,取消选中"显示"中的"空格"复选框即可。

　　(2)选择空格符中间位置,执行【插入】→【符号】→【符号】→【其他符号】命令,如图 1.17 所示。

　　(3)打开"符号"对话框,选择"子集"下拉列表框中的"其他符号",选择"★",如图 1.18 所示。

图 1.17　插入符号

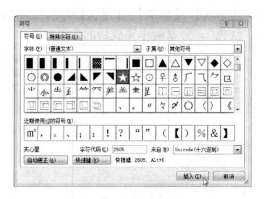

图 1.18　插入符号"★"

技能加油站

　　还可以执行【插入】→【插图】→【形状】命令,绘制符号"★"。

　　(4)选中"★"左边所有的空格符,执行【开始】→【字体】→【下划线】命令,如图 1.19 所示,将颜色设置为"红色"。

　　(5)选中"★"右边所有的空格符,同样操作添加下划线。

　　(6)选择两边下划线,单击"字体"对话框中的"高级"选项卡,将"位置"设置为"提升",设置下划线提升的数值,如图 1.20 所示。

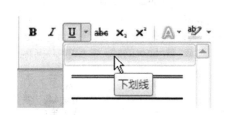

图 1.19　选择下划线

图 1.20　设置下划线位置

　　5.制作公章。

　　(1)执行【插入】→【插图】→【形状】命令,选择"椭圆",按住【Shift】键,绘制正圆。

（2）单击【绘图工具/格式】→【形状填充】命令，设置为"无填充颜色"，【形状轮廓】设置为"红色"，【粗细】设置为"1.5 磅"。

（3）执行【插入】→【文本】→【艺术字】命令，选择任一艺术字，并输入文字"×××公司行政处"。

（4）选中文字"×××公司行政处"，执行【开始】→【字体】命令，将字体颜色设置为"红色"。

（5）单击【绘图工具/格式】→【艺术字样式】→【文本效果】→【转换】→【跟随路径】→【上弯弧】命令，如图 1.21 所示。

（6）调整字体大小、弧度。

（7）执行【插入】→【插图】→【形状】命令，选择"五角星"，按住【Shift】键绘制，颜色和轮廓都设置为"红色"。公章制作完成后的效果如图 1.22 所示。

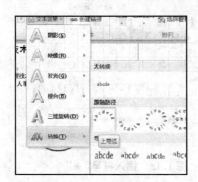
图 1.21　跟随路径

图 1.22　制作公司公章

课后练习

1. 制作"公司文件"，效果如图 1.23 所示。
2. 制作"公司通知"，效果如图 1.24 所示。

图 1.23　公司文件

图 1.24　公司通知

项目小结

　　本项目通过"专业对抗辩论赛活动通知""公司行政处文件""公司文件"以及"公司通知"等公文的制作,使读者学会插入编号、设置首行缩进、设置页边距、绘制形状、设置字体颜色、插入特殊符号等的方法。读者在学会项目案例制作的同时,能够活学活用到实际工作生活中。

项目二

论文的排版

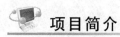

项目简介

　　小陈是一名大四的学生,经过四年的学习生活,小陈即将大学毕业。现在他要完成最后的"作业"——对毕业论文进行排版。毕业论文是每个学生在毕业时都要通过的一项考核,也是衡量学生学习水平和能力的重要标志。因此,论文的排版在学业生涯中起着重要的作用。如图2.1所示就是利用 Word 2010 软件制作出来的论文封面。

学号..............

北京育人职业技术学院

□毕业论文

□毕业设计

□毕业实习报告

(请在相应的文章类型中打"√")

(论文题目)

系（部）...............

专业名称...............

年　　级...............

学生姓名...............

指导教师...............

年....月....日

图 2.1　论文封面

知识点导入

1. 插入特殊符号：执行【插入】→【符号】→【符号】→【其他符号】命令。

2. 设置段落间距：选中要设置的段落，在"段落"对话框设置间距。

3. 设置行距：在"段落"对话框中设置行距。

4. 为文字添加边框：选中文字，执行【开始】→【段落】→【边框和底纹】命令。

5. 设置标题样式：执行【开始】→【样式】→【标题1】或其他样式。

6. 设置页眉和页脚：执行【插入】→【页眉和页脚】→【页眉】（【页脚】）→【编辑页眉】（【编辑页脚】）命令。

7. 给文章分页：执行【插入】→【页】→【分页】命令。

8. 生成目录：执行【引用】→【目录】→【目录】→【自动目录1】命令。

 解决方案

任务1　新建文档

1. 启动 Word 2010，新建空白文档。

2. 设置文档的页面大小为 A4，纸张方向为纵向，上、下、左、右页边距均为 2.5cm。

3. 将新建的文档保存在桌面上，文件名为"论文排版"。

任务2　输入文本并设置

1. 输入文本，如图 2.2 所示。

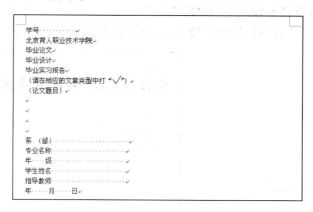

图 2.2　输入文本

 技能加油站

在输入"√"时可以利用【插入】→【符号】→【符号】→【其他符号】命令，在"符号"对话框中的"子集"中选择"数学运算符"。

2. 插入符号。

（1）在"符号"对话框中的"子集"中选择"几何图形符"，如图2.3所示。

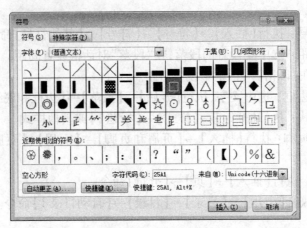

图2.3　"符号"对话框

🔧 **技能加油站**

　　特殊符号的样式很多，如数学运算符、方块元素等。我们还可以在"符号"对话框中的"字体"下拉列表中选择"Webdings"，再在下面打开的文本框中查找。

（2）在3、4、5段前分别插入相应的符号，如图2.4所示。

3. 设置字符和段落格式。

（1）选中第2、3、4、5段之外的段落，并设置为"楷体""四号"。

（2）选中第2段，设置字体为"汉仪行楷简""小初""加粗"。

（3）选中第3、4、5段并设置为"宋体""小二"。

（4）选中"系（部）"到"指导教师"段后的空格，为其添加下划线，如图2.5所示。

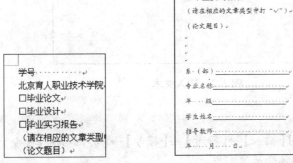

图2.4　插入符号　　　　　　　　图2.5　添加下划线

（5）选中第 1 段,在"段落"对话框中设置"段前"为"2 行"。

（6）选中第 2 段,在"段落"对话框中设置"段前""段后"均为"1 行"。

（7）选中第 3、4、5 段,在"段落"对话框中设置"段前"为"1 行","段后"为"0.5"行。

（8）选中第 8、9、10、11、12 段,在"段落"对话框中设置"段前"为"0.5 行",段后为"1 行","段前间距"为"8 字符"。

（9）选中第 7 段,在"段落"对话框中设置"缩进"均为"4 字符","段前"为"0.5 行","行距"为"多倍行距",并添加外边框。

（10）选中第 7 段,执行【开始】→【段落】→【边框和底纹】命令,添加"方框",如图 2.6 所示。

图 2.6　文字设置

4. 设置论文标题。

（1）输入论文内容。

（2）选中论文一级标题,单击【开始】→【样式】→【标题 1】命令,如图 2.7 所示。

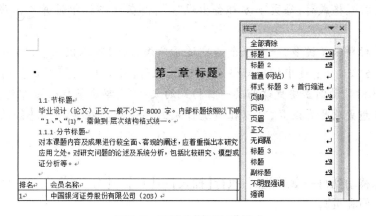

图 2.7　更改为"标题 1"样式

（3）选中论文二级标题,单击【开始】→【样式】→【标题 2】命令,如图 2.8 所示。

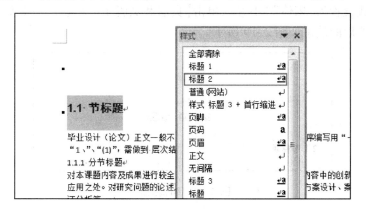

图 2.8　更改为"标题 2"样式

（4）选中论文三级标题,单击【开始】→【样式】→【标题3】命令,如图2.9所示。

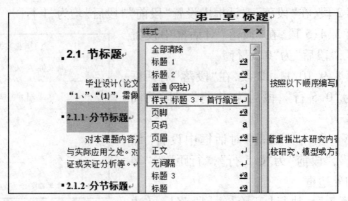

图2.9　更改为"标题3"样式

（5）设置论文其他段落为"宋体""五号","首行缩进"为"2字符"。

⛽ **技能加油站**

1. 设置标题格式时,每页下方都会出现".",但在最终打印时并不出现,只作为格式符号显示。

2. 如果标题数量过多,一个一个选中过于麻烦,我们可以使用【格式刷】工具进行设置。具体方法如下:选中调整好格式的文字,执行【开始】→【剪贴板】→【格式刷】命令,此时将鼠标移动到需要更改与其一样格式的文字上,单击鼠标左键即可。

3. 如果想更改样式设置,可以在所选样式上单击鼠标右键,利用【修改】命令进行设置。

5. 将光标移动到每一章最前面,执行【插入】→【页】→【分页】命令,为每章进行分页。

6. 设置页眉和页脚。

（1）执行【插入】→【页眉和页脚】→【页眉】→【编辑页眉】命令,输入"北京育人职业技术学院"。

（2）将格式设置为"宋体""小五",单击【页眉和页脚工具/设计】→【关闭页眉和页脚】命令。页眉设置后的效果如图2.10所示。

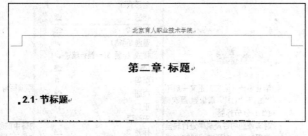

图2.10　编辑页眉

（3）利用【插入】→【页眉和页脚】→【页脚】→【编辑页脚】命令设置页脚。

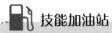**技能加油站**

编辑页脚格式时,可以利用【插入】→【页眉和页脚】→【页码】→【设置页码格式】命令进行多种设置。

7. 利用【引用】→【目录】→【目录】→【自动目录1】命令自动生成论文目录,如图2.11所示。

图2.11 自动生成目录

拓展项目

制作如图2.12所示的投标书。

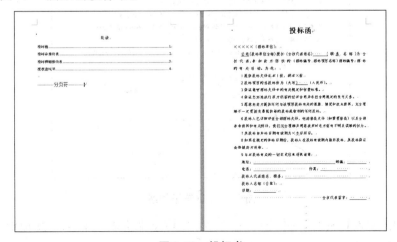

图2.12 投标书

操作步骤如下：

1. 打开文档"投标书（原文）"。

2. 选中论文一级标题，执行【开始】→【样式】→【标题1】命令，如图2.13所示。

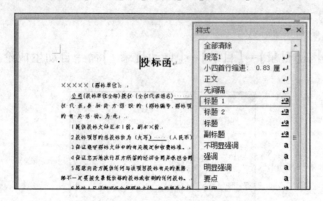

图2.13　设置标题格式

3. 设置正文格式。

（1）设置正文字体为"仿宋_GB2312""小四"。

（2）第1页除第1段外所有段落均设置"首行缩进"为"2字符"。

（3）在第一页中的空格处加下划线，如图2.14所示。

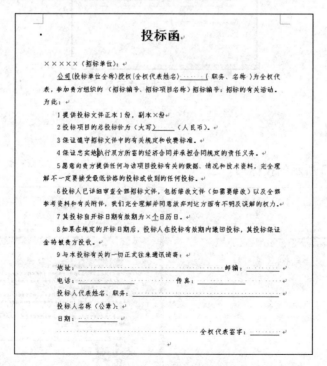

图2.14　设置下划线

（4）利用【插入】→【页】→【分页】命令为"投标总报价表""投标明细报价表""授权委托书"分别添加分页。

（5）在各页中的空格处加下划线。

4．利用【引用】→【目录】→【自动目录1】命令自动生成论文目录，如图2.15所示。

图2.15 自动生成目录

 技能加油站

1．如果要对生成后的目录进行修改，可以直接对文章中的标题进行修改，修改完成后单击【引用】→【更新目录】→【更新整个目录】命令；还可以直接在目录上右击，在弹出的快捷菜单中选择【更新域】命令进行目录的更新。如果只是文章内容和页数有所变化，则可以单击【引用】→【更新目录】→【只更新页码】命令。

2．按住【Ctrl】键的同时单击目录，可以直接跳转至目录所显示的那一章节的页面，不用一页一页地找。

 课后练习

1．对论文进行排版，效果如图2.16、图2.17所示。

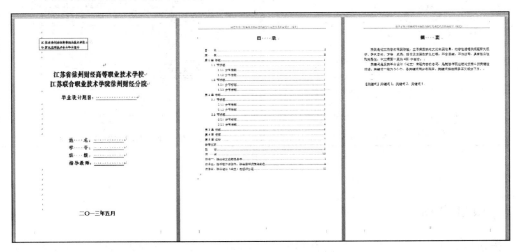

图2.16 论文排版1

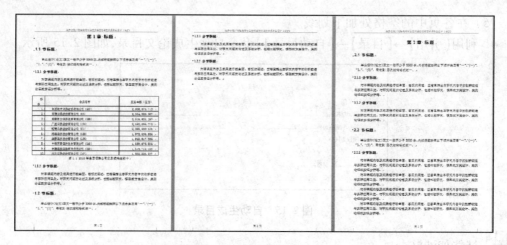

图 2.17　论文排版 2

2. 制作调查问卷,效果如图 2.18 所示。

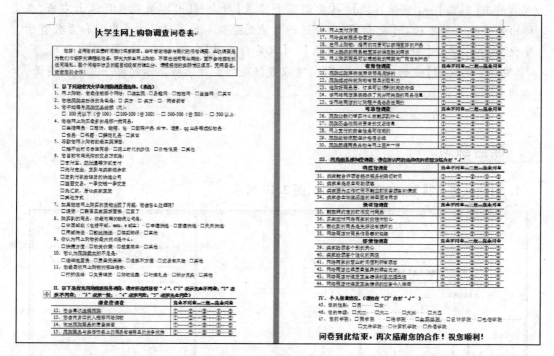

图 2.18　调查问卷

 项目小结

本项目通过"论文排版""投标函"以及"调查问卷"等内容的制作,使读者学会使用特殊符号、设置标题样式、设置页眉和页脚、给文章分页、自动生成目录、设置段落间距、设置行距、添加文字的边框等方法。读者在学会项目案例制作的同时,能够活学活用到实际工作生活中。

项目三

名片的制作

项目简介

名片是标示姓名及其所属组织、公司单位和联系方法的纸片。名片是新朋友互相认识、自我介绍的最快速有效的方法。交换名片是商业交往的第一个标准官式动作。利用 Word 可以简便快捷地制作出独具个性的名片。如图3.1、图3.2、图3.3 和图3.4 所示为各类名片。

图3.1 名片1

图3.2 名片2

图3.3 名片3

图3.4 名片4

如何使用 Word 软件制作出精美的名片呢？下面我们一起来制作如图3.5 所示的名片。

图3.5 名片制作

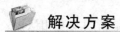 **知识点导入**

1. 设置形状：执行【插入】→【插图】→【形状】命令。

2. 插入图片：执行【插入】→【插图】→【图片】命令。

3. 删除图片背景：执行【图片工具/格式】→【调整】→【删除背景】命令。

4. 设置图片位置：执行【图片工具/格式】→【排列】→【位置】→【其他布局选项】命令，在"布局"对话框中选择"文字环绕"选项卡。

5. 下载模板：执行【文件】→【新建】命令，下载所需要的模板类型。

6. 设置纸张大小：执行【页面布局】→【页面设置】→【纸张大小】命令。

解决方案

任务1　新建文档

1. 启动 Word 2010，新建空白文档。

2. 设置文档的页面大小为"A4"，纸张方向为"纵向"，上、下、左、右页边距均为"2.5 厘米"。

3. 将新建的文档保存在桌面上，文件名为"名片"。

任务2　制作名片内容

1. 绘制名片底纹。

（1）执行【插入】→【插图】→【形状】命令，选择"矩形"。

（2）绘制一个矩形，设置大小为9cm＊5.4cm，如图 3.6 所示。

（3）执行【绘图工具/格式】→【形状样式】命令，打开"设置形状格式"对话框，选择"填充"→"图案填充"，如图 3.7 所示。

图 3.6　绘制矩形

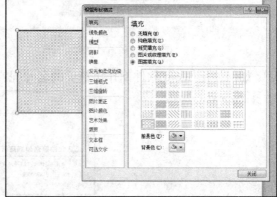

图 3.7　图案填充

技能加油站

填充时还有其他填充类型可以选择,在制作名片时可以根据使用名片人的身份、名片性质等进行选择。

(4)执行【插入】→【插图】→【形状】命令,选择"三角形",绘制一个等边三角形。

(5)按住三角形上方的黄色按钮,将三角形的顶点拖至右上角,调整其大小位置,如图3.8所示。

2. 输入内容并设置。

(1)单击【插入】→【文本】→【文本框】→【绘制文本框】命令,绘制一文本框。

图3.8 绘制三角形

(2)单击文本框,执行【绘图工具/格式】→【形状填充】→【无填充颜色】命令,执行【绘图工具/格式】→【形状轮廓】→【无轮廓】命令。

(3)输入"张三""市场总监"。

(4)设置"张三"为"楷体""小二""居中",设置"市场总监"为"楷体""五号",如图3.9所示。

(5)执行【插入】→【文本】→【文本框】→【绘制文本框】命令,输入文本"地址:北京市朝阳区123号好有趣科技有限公司""联系方式:13013900000""QQ:12345678",并设置为"楷体""五号""左对齐",如图3.10所示。

图3.9 输入姓名、职务

图3.10 输入文本内容

(6)单击【插入】→【文本框】→【绘制文本框】命令,输入文本"北京好有趣科技有限公司",并设置为"汉真广标""五号";字符间距设置为"加宽""1字符"。

 技能加油站

1. 名片正面一般包含人名、单位、联系方式,背面一般可以包括公司经营项目,如果和国外有业务的话,最好有英文版。对个人名片,可以包含照片、简短的话等。

2. 一般名片宽度为9厘米,高度为5.4厘米(这是黄金分割的比例,采用这一比值能够给人以美感)。

（7）执行【插入】→【插图】→【图片】命令，插入指定图片。

（8）执行【图片工具/格式】→【排列】→【位置】→【其他布局选项】命令，弹出"布局"对话框，选择"文字环绕"选项卡，并设置为"浮于文字上方"，如图3.11所示。

图3.11　设置图片位置

（9）选中图片，执行【图片工具/格式】→【调整】→【删除背景】→【关闭】→【保留更改】命令，如图3.12所示。

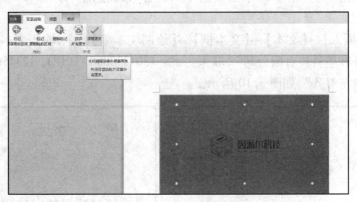

图3.12　删除图片背景

（10）将图片缩小并放到合适位置，如图3.13所示。

（11）执行【插入】→【形状】命令，选择"直线"，绘制一条直线。

（12）设置直线宽度为"8厘米"，并放置在合适位置。

名片制作完成后的效果如图3.14所示。

图3.13　放置图片

图3.14　最终效果

拓展项目

制作如图 3.15 所示的邀请函。

图 3.15 邀请函

操作步骤如下：

1. 使用模板新建文档并保存。

执行【文件】→【新建】→【邀请】→【商务】命令，下载"Office.com 模板"列表中的"请柬 4"项，如图 3.16 所示，单击"下载"按钮。

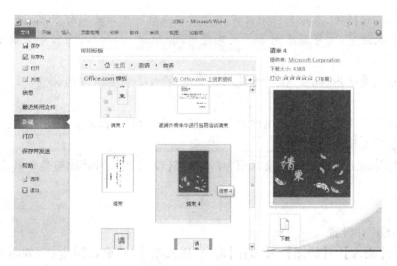

图 3.16 下载模板

2. 修改模板,制作邀请函。

（1）单击【页面布局】选项中的【页面设置】选项组右下角的对话框启动按钮,打开"页面设置"对话框,选择"纸张"选项卡,设置"宽度"为"22 厘米"、"高度"为"19.5 厘米",如图 3.17 所示。

图 3.17 设置纸张大小

（2）执行【页面布局】→【页面设置】→【页边距】→【自定义边距】命令,设置上为"2 厘米"、下为"2 厘米"、左为"1.9 厘米"、右为"1.9 厘米","纸张方向"为"横向"。

3. 输入邀请函文本内容,并设置文本格式。

（1）删除第 1 页多余空行,将文档设置为 2 页,将第 1 页中的图片均缩小到合适大小,并移动到合适位置。

（2）将第 2 页中的艺术字和表格删除,按 4 次【Enter】键,然后在第 3 行中输入"邀"字,设置其格式为"方正舒体"（或其他字体）、"80 号"、"居中对齐"。

（3）在第 6 行及其下方输入请柬内容,字体设置为"黑体""小四"。其中,清单内容第 1 行顶头写,第 2、3 段首行缩进"2 字符""1.5 倍行距",第 4 段顶格,最后三段文本"右对齐"。

图 3.18 设置文本格式后的效果

文本格式设置完成后的效果如图 3.18 所示。

技能加油站

邀请函是否得体,直接关系到会议或活动的成败。邀请函写作要点:

（1）层次清楚,文字简单明了。尤其是时间、地点、参加人、内容等关键问题,要表述清楚。

（2）语气要诚恳、热情,使对方能够通过文字感受到邀请方的诚意,从而愉快地接受邀请。

（3）邀请函要表现出对受邀方的尊重,不仅使参加人对活动内容有明确的了解,同时也增加了对邀请方的信任度。

如果想屏幕上同时出现两页画面,可以按住【Ctrl】键的同时滑动鼠标滚轮进行大小的调节。

4. 插入图片并设置。

（1）执行【插入】→【插图】→【图片】命令,插入图片"请柬底圆.jpg",如图 3.19 所示。

（2）将"请柬底图.jpg"图片移到"邀"字的正中。

（3）调整"请柬边框"图片的高度和宽度，使其大小正好覆盖整页纸。

（4）设置图片的文字环绕方式为"衬于文字下方"。

图片设置后的效果如图 3.20 所示。

图 3.19 插入图片

图 3.20 图片设置

 技能加油站

　　利用【文件】→【新建】命令，在"office.com 模板"中不仅可以下载请柬模板，还有其他模板可供下载，如名片、信函等。制作时可以直接使用模板，方便快捷。

 课后练习

1. 制作名片，效果如图 3.21 所示。

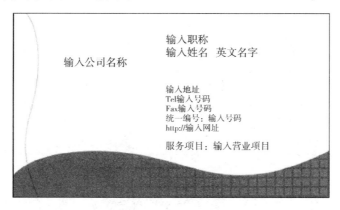

图 3.21 制作名片

2. 制作邀请函，效果如图 3.22 所示。

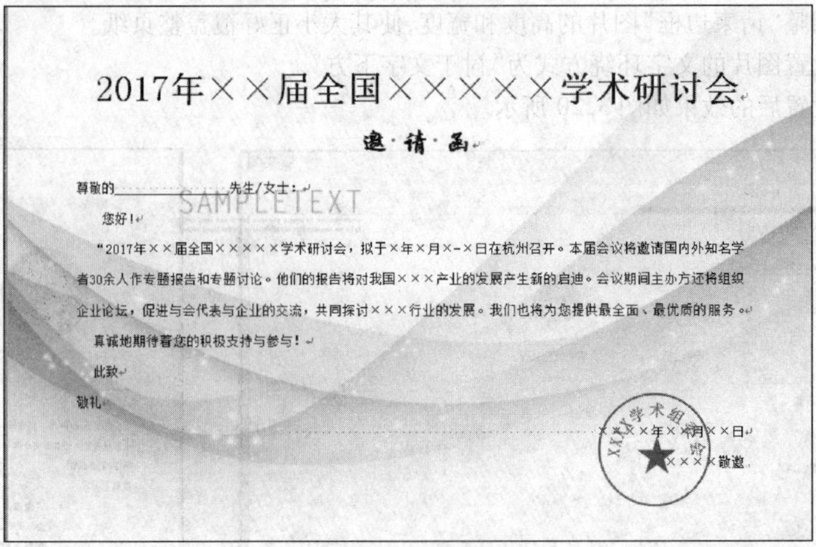
2017年××届全国×××××学术研讨会

邀·请·函

尊敬的____________先生/女士：

您好！

“2017年××届全国×××××学术研讨会，拟于×年×月×-×日在杭州召开。本届会议将邀请国内外知名学者30余人作专题报告和专题讨论。他们的报告将对我国×××产业的发展产生新的启迪。会议期间主办方还将组织企业论坛，促进与会代表与企业的交流，共同探讨×××行业的发展。我们也将为您提供最全面、最优质的服务。

真诚地期待着您的积极支持与参与！

此致

敬礼

××××年××月××日

××××敬邀

图3.22 制作邀请函

项目小结

本项目通过“制作个人名片”“制作活动邀请函”等内容的制作，使读者学会插入形状和图片、设置形状和图片的格式、使用模板、设置页面等方法。读者在学会项目案例制作的同时，能够活学活用到实际工作生活中。

项目四

宣传简报的制作

 项目简介

宣传简报是一种重要的宣传工具,在日常工作、学习、生活中应用非常广泛,利用 Word 2010 提供的图文混排功能,可以制作出具有艺术效果的宣传简报。如图 4.1 所示就是利用 Word 软件制作出来的关于地球的宣传简报。

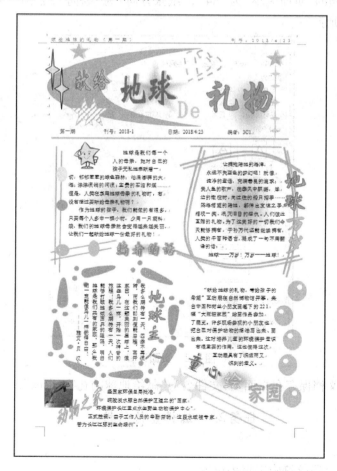

图 4.1 "献给地球的礼物"宣传简报

知识点导入

1. 添加文本框：执行【插入】→【文本】→【文本框】命令。
2. 添加艺术字：执行【插入】→【文本】→【艺术字】命令。
3. 添加图片：执行【插入】→【插图】→【图片】命令。
4. 添加形状：执行【插入】→【插图】→【形状】命令。
5. 设置页眉：执行【插入】→【页眉和页脚】→【页眉】命令。

 解决方案

任务1　新建文档

1. 启动 Word 2010，新建空白文档。
2. 设置本文档的"页面大小"为"A4"，"纸张方向"为"纵向"，上、下、左、右页边距均为 2 厘米，如图4.2所示。

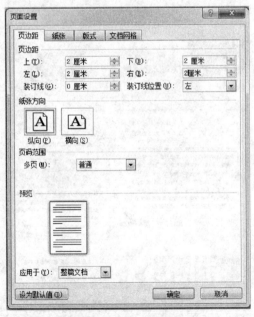

图 4.2　页面设置

3. 将新建的文档保存在桌面上，文件名为"献给地球的礼物.docx"。

任务2　编辑宣传简报

1. 版面布局。
（1）利用 10 个段落符确定报头位置。
（2）执行【插入】→【文本】→【文本框】命令，打开下拉菜单。

（3）单击【绘制文本框】或【绘制竖排文本框】按钮,插入文本框和竖排文本框,创建出如图4.3所示的简单布局。

图4.3 版面布局

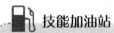技能加油站

执行【绘图工具/格式】→【形状样式】→【形状填充】(或【形状轮廓】),即可对文本框进行边框和填充的设置。

2. 编辑报头及标题。

（1）在第1~4个段落符后,依次执行【插入】→【文本】→【艺术字】命令,在如图4.4所示的列表框中选择所需的艺术字样式,创建报头艺术字。

（2）在艺术字文字编辑框中分别输入"献给""地球""De""礼物"。

（3）在第5~9个段落符后,依次执行【插入】→【文本】→【艺术字】命令,选择艺术字样式,创建标题艺术字。

（4）在艺术字文字编辑框中分别输入"编者的话""地球万岁""地球主人""童心绘家园""动物之家"。

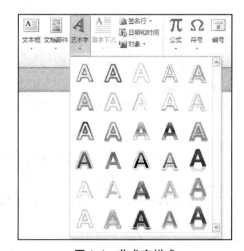

图4.4 艺术字样式

（5）执行【绘图工具/格式】→【排列】→【自动换行】命令，在下拉菜单中选择"浮于文字上方"，拖动艺术字到相应的位置，如图4.5所示。

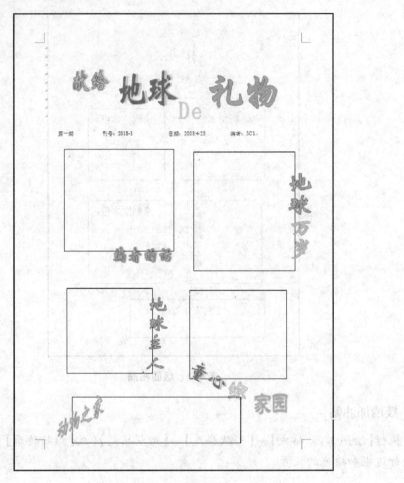

图4.5　报头及标题艺术字

 技能加油站

执行【绘图工具/格式】→【艺术字样式】命令，可以设置艺术字的文本填充、文本轮廓、文本效果等。

3. 输入文本。

（1）在第10个段落符后输入宣传简报的期数、刊号、日期、编者。

（2）按照宣传简报的内容，在相应的文本框内依次输入文本内容。

（3）设置文本格式化，如图4.6所示。

图 4.6　输入文本后的文本框

任务3　美化宣传简报

1. 添加图片。

（1）选择段落符，执行【插入】→【插图】→【图片】命令，打开"插入图片"对话框。

（2）选择相应的图片，单击"插入"按钮。

2. 编辑图片。

选中图片，单击【图片工具/格式】→【排列】→【自动换行】命令，在下拉菜单中选择"浮于文字上方"命令，拖动图片并放置到相应位置。

 技能加油站

执行【图片工具/格式】→【大小】命令，可以设置图片的高度、宽度、比例等。

3. 添加形状。

（1）选择段落符，执行【插入】→【插图】→【形状】命令，在下拉菜单中选择相应的形状，在文档中拖动鼠标，添加形状。

（2）选中形状，用鼠标拖动顶点，改变形状的状态。

（3）选中形状，执行【绘图工具/格式】→【形状样式】命令，如图4.7所示，编辑形状的填充、轮廓、效果，如图4.8所示。

图4.7　形状样式

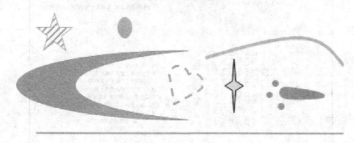

图4.8　添加并编辑的形状

（4）选中形状，执行【绘图工具/格式】→【排列】→【自动换行】命令，在下拉菜单中选择"衬于文字下方"，拖动形状并放置到相应位置。

 技能加油站

利用【Shift】键选中多个形状并右击，在弹出的快捷菜单中选择【组合】命令，可以构成内容更加丰富的新形状。

4. 添加页眉。

（1）执行【插入】→【页眉和页脚】→【页眉】→【编辑页眉】命令。

（2）录入内容并进行格式化设置，如图4.9所示。

献给地球的礼物（第一期）　　　　　　　　刊号：2018/4/23

图4.9　页眉

 技能加油站

利用【开始】→【段落】→【边框和底纹】命令，打开"边框和底纹"对话框，单击"自定义"选项卡，可制作页眉中的下框线，注意"应用于"必须是"段落"。

拓展项目

制作如图 4.10 所示的"严禁酒后危险驾驶行为"宣传简报。

图 4.10 "严禁酒后危险驾驶行为"宣传简报

操作步骤如下：

1. 启动 Word 2010,新建空白文档。

2. 设置文档的页面大小为 A4,纸张方向为纵向,上、下、左、右页边距均为"2 厘米"。

3. 将新建的文档保存在桌面上,文件名为"严禁酒驾.docx"。

4. 利用段落符确定报头位置。

5. 执行【插入】→【文本】→【文本框】→【绘制文本框】(或【绘制竖排文本框】)命令,插入文本框(或竖排文本框),创建出如图 4.11 所示的简单布局。

| 图 4.11 版面布局 | 图 4.12 报头及标题艺术字 |

6. 编辑报头及标题。

(1) 执行【插入】→【文本】→【艺术字】命令,选择艺术字样式,创建报头艺术字和标题艺术字。

(2) 执行【格式】→【排列】→【自动换行】→【浮于文字上方】命令,拖动艺术字到相应的位置,对艺术字进行格式化设置。

完成报头及标题后的效果如图 4.12 所示。

7. 在相应的文本框内依次输入文本内容,并设置文本格式化,如图 4.13 所示。

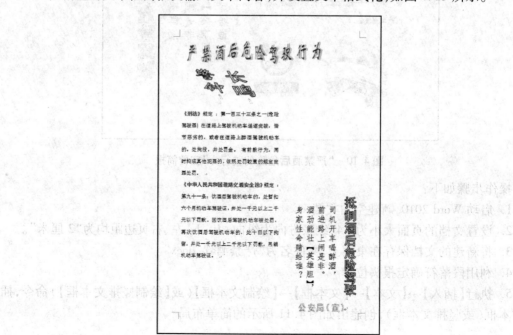

图 4.13 输入文本后的文本框

8. 执行【插入】→【插图】→【图片】命令,添加相应的图片,单击【图片工具/格式】→【排列】→【自动换行】→【浮于文字上方】命令,拖动图片并放置到相应位置。

9. 执行【插入】→【插图】→【形状】命令,添加如图4.14所示的形状。执行【绘图工具/格式】→【排列】→【自动换行】→【衬于文字下方】命令,拖动形状并放置到相应位置。

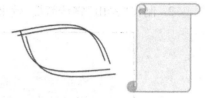

图4.14　报头及标题艺术字

 课后练习

1. 制作"母亲节"宣传简报,效果如图4.15所示。

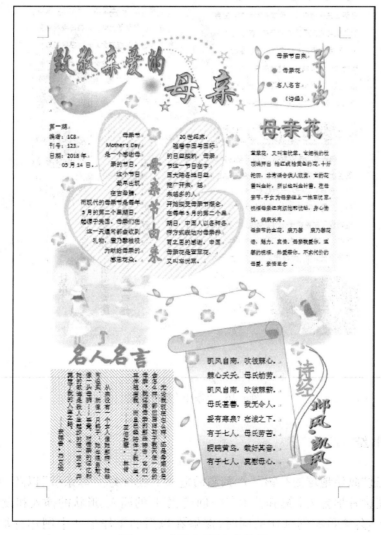

图4.15　"母亲节"宣传简报

2. 制作"泰山"宣传简报,效果如图4.16所示。

图4.16　"泰山"宣传简报

 项目小结

　　本项目通过"献给地球的礼物""严禁酒后危险驾驶行为""母亲节"以及"泰山"等宣传简报的制作,使读者学会文本框和艺术字的创建、图片的插入、形状的插入和设置、页眉的设置等。读者在学会项目案例制作的同时,能够在以后的工作生活中制作更加精美的宣传简报。

项目五

有限公司组织结构图的制作

项目简介

在日常的实际任务中,经常需要表达某个过程、流程或架构,如果单纯使用文字表达,通常描述不够清楚直观,利用 Word 2010 提供的 SmartArt 图形功能,可以制作简洁明了的组织结构图。如图 5.1 所示就是利用 Word 软件制作出来的有限公司组织结构图。

图5.1 有限公司组织结构图

知识点导入

1. 设置组织结构图的页面:执行【页面布局】→【页面设置】命令。
2. 构建组织结构图:执行【插入】→【插图】→【SmartArt】命令。
3. 设置组织结构图的布局:执行【SmartArt 工具/设计】→【创建图形】→【布局】命令。
4. 修饰组织结构图:执行【SmartArt 工具/设计】→【SmartArt 样式】→【更改颜色】命令。

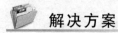
解决方案

任务1　新建文档

1. 启动 Word 2010,新建空白文档。

2. 执行【页面布局】→【页面设置】命令,打开"页面设置"对话框,设置文档的页面大小为 A4,纸张方向为横向,上、下、左、右页边距均为"2 厘米"。

3. 将新建的文档保存在桌面上,文件名为"有限公司组织结构图"。

4. 输入标题"有限公司组织结构图",并设置为"仿宋""小初""居中""加粗"。

任务2　插入、编辑组织结构图

1. 插入组织结构图。

(1) 执行【插入】→【插图】→【SmartArt】命令,打开"选择 SmartArt 图形"对话框。

(2) 在对话框左侧的列表中选择"层次结构",在中间区域选择"组织结构图",在右侧可以看到说明信息,如图 5.2 所示;单击"确定"按钮,即在文档中插入图形,如图 5.3 所示。

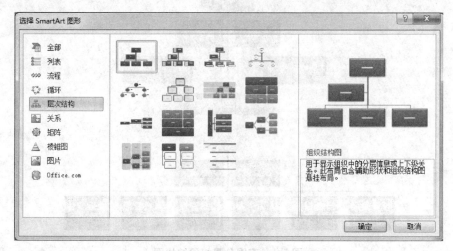

图 5.2　选择"组织结构图"

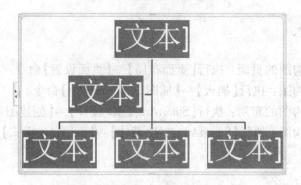

图 5.3　插入"组织结构图"

2. 架构组织结构图。

（1）单击第1行图形区域,在图形中输入"总裁"。

技能加油站

在图形中输入文本时,也可以单击左边框上的按钮打开文本窗口,再输入相应的内容。

（2）分别在框图中输入如图5.4所示的相应内容。

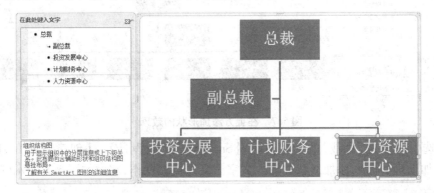

图5.4　在组织结构图中输入内容

技能加油站

在图形中输入内容时,出现内容超出形状的情况,可以利用回车符使内容成为多行内容,也可以利用空格和空段落符使内容下沉到形状较宽的区域。

（3）选中内容为"总裁"的形状,执行【SmartArt 工具/设计】→【创建图形】→【添加形状】→【在下方添加形状】命令,如图5.5所示,添加形状并输入文字。反复类似操作,完成如图5.6所示的效果。

图5.5　添加形状命令

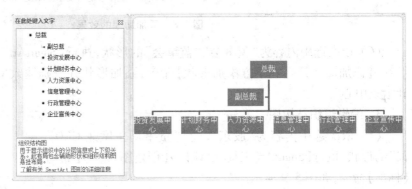

图5.6　在下方添加形状的效果

（4）选中内容为"总裁"的形状，执行【SmartArt 工具/设计】→【创建图形】→【添加形状】→【在上方添加形状】命令，添加形状并输入文字。反复类似操作，完成如图 5.7 所示的效果。

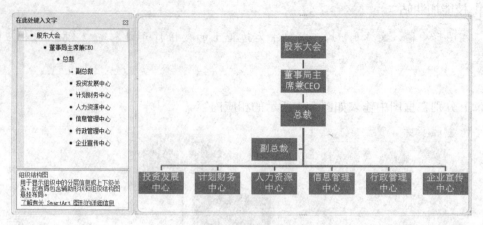

图 5.7　在上方添加形状的效果

（5）选中内容为"总裁"的形状，执行【SmartArt 工具/设计】→【创建图形】→【添加形状】→【添加助理】命令，添加形状并输入文字。反复类似操作，完成如图 5.8 所示的效果。

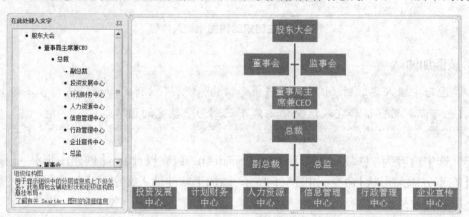

图 5.8　添加助理的效果

（6）依次选中内容为"董事会""监事会"的形状，执行【SmartArt 工具/设计】→【创建图形】→【添加形状】→【在下方添加形状】命令，添加形状并分别输入文字"战略研究院""审计稽查中心"。

3. 编辑组织结构图。

（1）依次选中内容为"股东大会""董事局主席兼 CEO""总裁"的形状，执行【SmartArt 工具/设计】→【创建图形】→【布局】→【标准】命令，如图 5.9 所示。

图 5.9　【布局】下拉列表

技能加油站

在修改布局时,如果对细节不满意,可以通过单击鼠标左键选取相应形状,拖动形状到理想的位置后放开。

(2) 选中内容为"董事会"的形状,执行【SmartArt 工具/设计】→【创建图形】→【布局】→【左悬挂】命令。

(3) 选中内容为"监事会"的形状,执行【SmartArt 工具/设计】→【创建图形】→【布局】→【右悬挂】命令。

任务3　美化组织结构图

1. 设置格式化。

(1) 将组织结构图中所有文本字体设置为"宋体""17 磅""加粗"。

(2) 用鼠标拖动组织结构图中的各个形状边框,改变形状大小,使文本内容合理展现,如图 5.10 所示。

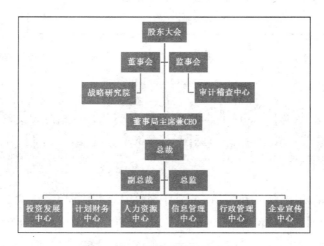

图 5.10　组织结构图格式化

 技能加油站

选取多个同级的形状,执行【SmartArt 工具/格式】→【大小】命令,输入行高和列宽的固定值,同级的形状会大小一致。

2. 修饰组织结构图。

(1) 选中组织结构图,执行【SmartArt 工具/设计】→【SmartArt 样式】→【更改颜色】命令,在下拉列表中选择"彩色"中的"彩色范围-强调文字颜色 4 至 5",设置整个组织结构图的配色方案。

图 5.11　配色方案

　　选取单个形状,执行【SmartArt 工具/格式】→【形状】命令,可以更改单个形状;执行
【SmartArt 工具/格式】→【形状样式】→【形状填充】(或【形状轮廓】)命令,可以更换单
个形状的填充色或轮廓。

　　(2)选中组织结构图,执行【SmartArt 工具/设计】→【SmartArt 样式】→【其他】命令,打
开如图 5.12 所示的列表,选择"三维"中的"嵌入"选项,对整个组织结构图应用新的样式。

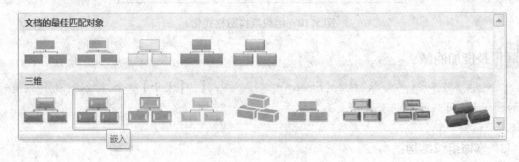

图 5.12　SmartArt 样式

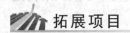 拓展项目

　　制作如图 5.13 所示的电商创业说明图。

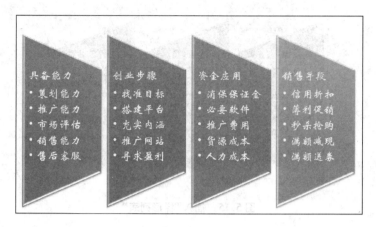

图 5.13　电商创业说明图

操作步骤如下：

1. 启动 Word 2010，新建空白文档，并保存在桌面上，文件名为"电商创业说明图"。

2. 执行【页面布局】→【页面设置】命令，打开"页面设置"对话框，设置文档的页面大小为 A4，纸张方向为横向，上、下、左、右页边距均为"2 厘米"。

3. 输入标题"电商创业说明图"，并设置为"华文新魏""小初""居中"。

4. 插入梯形列表。

（1）执行【插入】→【插图】→【SmartArt】命令，打开"选择 SmartArt 图形"对话框。

（2）在对话框左侧的列表中选择"列表"，在中间区域选择"梯形列表"，在右侧可以看到说明信息，如图 5.14 所示；单击"确定"按钮，在文档中插入如图 5.15 所示的图形。

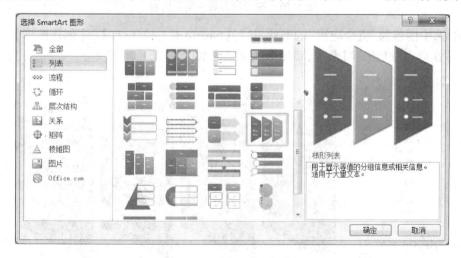

图 5.14　选择"梯形列表"

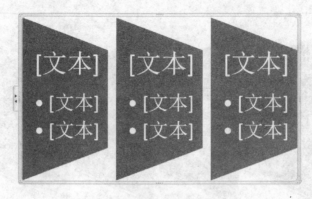

图 5.15　插入"梯形列表"

（3）分别在框图中输入如图 5.16 所示的相应内容。

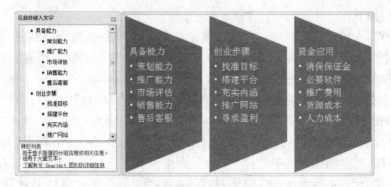

图 5.16　在梯形列表中输入内容

（4）选中内容为"资金应用"的形状，执行【SmartArt 工具/设计】→【创建图形】→【添加形状】→【在后面添加形状】命令，添加形状并输入如图 5.17 所示的文字。

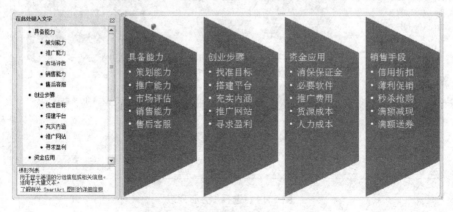

图 5.17　在后面添加形状的效果

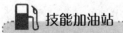 技能加油站

在添加形状时，可以对形状的级别进行升级或降级操作。

5. 美化梯形列表。

（1）将梯形列表中所有文本设置为"华文新魏""23 磅"。

（2）选中梯形列表，执行【SmartArt 工具/设计】→【SmartArt 样式】→【更改颜色】命令，在下拉列表中选择"彩色"中的"彩色范围-强调文字颜色 4 至 5"，设置整个组织结构图的配色方案。

（3）选中梯形列表，执行【SmartArt 工具/设计】→【SmartArt 样式】→【其他】命令，打开"SmartArt 样式"列表，选择"三维"中的"优雅"选项，对整个组织结构图应用新的样式。

课后练习

1. 制作健康饮食金字塔，效果如图 5.18 所示。
2. 制作高校毕业论文流程图，效果如图 5.19 所示。

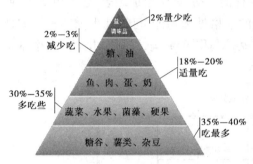

图 5.18　健康饮食金字塔

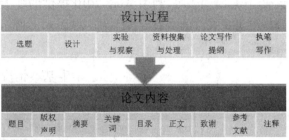

图 5.19　高校毕业论文流程图

项目小结

本项目通过"企业组织结构图""电商创业说明图""健康饮食金字塔"以及"高校毕业论文流程图"等项目的制作，使读者学会 SmartArt 图形的插入、编辑和美化等操作技术。读者在实际工作生活中可以制作更加条理清楚、简约直观的流程图或结构图。

项目六

学生基本情况表的制作

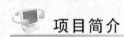

项目简介

人们在日常生活、工作中常常要接触到各种各样的表格,如学生成绩表、各类申请表、课程表、作息时间表等,利用 Word 2010 提供的强大的表格处理功能,可以使大家轻松自如地制作出美观大方的文表混排效果。如图 6.1 所示就是利用 Word 软件制作出来的学生基本情况登记表。

学生基本情况登记表

姓　名		曾用名		出生年月		照片
姓　别		民　族		政治面貌		
年　龄		籍　贯		身体状况		
基本情况	毕业学校					
	家庭地址					

	第一学期	第二学期	第三学期	第四学期	第五学期	第六学期	毕业设计
成绩							

何时何地受过何种处罚		何时何地受过何种奖励	

备注	（一）一律用铅笔填写,字迹要端正、清楚。 （二）内容要具体、真实。

图 6.1　学生基本情况登记表

知识点导入

1. 插入表格：执行【插入】→【表格】→【插入表格】命令。

2. 合并单元格：选取要合并的单元格，执行【表格工具/布局】→【合并】→【合并单元格】命令。

3. 拆分单元格：选取要拆分的单元格，执行【表格工具/布局】→【合并】→【拆分单元格】命令。

4. 调整单元格的行高或列宽：可按住鼠标左键手动拖曳，也可在【表格工具/布局】→【单元格大小】中调整高度或宽度。

5. 设置单元格对齐方式和文字方向：可在【表格工具/布局】→【对齐方式】中调整。

6. 设置表格框线：选择表格，执行【表格工具/设计】→【表格样式】→【边框】→【边框和底纹】命令。

解决方案

任务1　新建文档

1. 启动 Word 2010，新建空白文档。

2. 设置文档的页面大小为 A4，纸张方向为纵向，上、下、左、右页边距均为"2.5 厘米"。

3. 将新建的文档保存在桌面上，文件名为"学生基本情况登记表"。

4. 输入表格标题"学生基本情况登记表"，并设置为"黑体""小二""居中"。

图 6.2　"插入表格"对话框

任务2　插入、编辑表格

1. 插入表格。

（1）执行【插入】→【表格】→【插入表格】命令，打开"插入表格"对话框。

（2）设置"列数"为"7"，"行数"为"13"，如图 6.2 所示。

 技能加油站

如给定文本内容，可以通过【插入】→【表格】→【文本转换成表格】命令，将文本转换为表格。

（3）单击"确定"按钮，创建出如图 6.3 所示的简单表格。

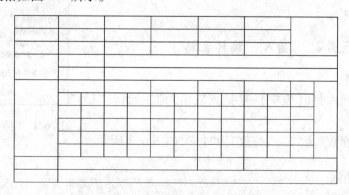

图6.3　简单表格

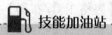 **技能加油站**

如果在插入表格之前忘记输入标题,可将插入点放在表格第一行的任意单元格内,执行【表格工具/布局】→【合并】→【拆分表格】命令,即可在表格上方输入标题。

2. 编辑表格。

(1)选取第7列的1~3行单元格,执行【表格工具/布局】→【合并】→【合并单元格】命令。对以下单元格执行同样操作:第1列的4~5列单元格、第4行的3~7列单元格、第5行的3~7列单元格、第1列的6~11行单元格、第2~7列的6~11行单元格、第12行的2~4列单元格、第12行的6~7列单元格、第13行的2~7列单元格。

(2)将插入点置于要显示各学期成绩的单元格内,执行【表格工具/布局】→【合并】→【拆分单元格】命令,在弹出的"拆分单元格"对话框中输入"列数"为"12","行数"为"6"。

(3)将拆分后的单元格的第1行的1~2列、3~4列、5~6列、7~8列、9~10列单元格、最后一列的前4个单元格以及后两个单元格分别执行【合并单元格】命令。

编辑后的表格如图6.4所示。

图6.4　合并单元格后的表格

3. 输入文本。

按照"学生基本情况登记表"的内容,在相应的单元格内依次输入文本内容,如图6.5所示。

姓　名		曾用名		出生年月		照片
性　别		民　族		政治面貌		
年　龄		籍　贯		身体状况		
基本情况	毕业学校					
	家庭地址					
成绩	第一学期	第二学期	第三学期	第四学期	第五学期	第六学期 毕业设计
何时何地受过何种处罚			何时何地受过何种奖励			
备注	（一）　一律用铅笔填写，字迹要端正、清楚。 （二）　内容要具体、真实。					

图6.5　输入文本后的表格

4. 调整单元格的列宽和行高。

选择"姓名""性别""年龄"三个单元格，将鼠标放置在边框线上，拖动鼠标，调整列宽。依次设置需要调整列宽和行高的单元格。设置完成后的效果如图6.6所示。

姓　名		曾用名		出生年月		照片
性　别		民　族		政治面貌		
年　龄		籍　贯		身体状况		
基本情况	毕业学校					
	家庭地址					
成绩	第一学期	第二学期	第三学期	第四学期	第五学期	第六学期 毕业设计
何时何地受过何种处罚			何时何地受过何种奖励			
备注	（一）　一律用铅笔填写，字迹要端正、清楚。 （二）　内容要具体、真实。					

图6.6　调整后的表格

技能加油站

手动调整单元格的行高或列宽时,在拖曳鼠标的同时,按住【Alt】键,可以进行微调。如不需手动调整,也可选择相应的行或列,在【表格工具/布局】→【单元格大小】中调整列宽或行高。

5. 绘制单元格内的斜线。

执行如图6.7所示的【表格工具/设计】→【绘图边框】→【绘制表格】命令,在相应单元格内从左下绘制到右上即可。

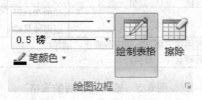

图6.7 【绘图表格】命令

任务3　美化表格

1. 设置文本对齐方式。

(1) 选中表格中所有文本内容,在【表格工具/布局】→【对齐方式】中单击如图6.8所示的"水平居中"按钮。

(2) 选择"备注"右侧单元格中的文本内容,在【表格工具/布局】→【对齐方式】中选择如图6.8所示的"中部两端对齐"。

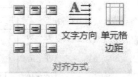

图6.8　对齐方式

2. 设置文字方向。

依次选择"成绩""毕业设计""备注"单元格,在【表格工具/布局】→【对齐方式】中选择"文字方向"。

 技能加油站

在设置表格内文本对齐方式或文字方向时,也可单击鼠标右键,在弹出的快捷菜单中选择相应的命令。

3. 设置表格边框线。

(1) 选择整个表格,执行【表格工具/设计】→【表格样式】→【边框】→【边框和底纹】命令,在弹出如图6.9所示的对话框中选择"边框"选项卡中的"自定义"。在"样式"列表中选择线型为"▬▬▬▬▬▬",单击"预览"中的"上边框"和"左边框"按钮。再选择线型为"▬▬▬▬▬▬",单击"预览"中的"下边框"和"右边框"按钮,表格的外边框即设置完毕。

(2) 执行【表格工具/设计】→【绘图边框】→【绘制表格】命令,设置线型为"▬▬▬▬▬▬",在相应的位置绘制即可,另外两条内部粗实线也用相同的方法绘制。

图 6.9　"边框和底纹"对话框

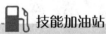 **技能加油站**

　　如果只设置表格的外边框，则应在边框设置中选择"自定义"，而不应该是"方框"。如果选择"方框"，确定完成后，表格中原有的内框线就会不显示。

拓展项目

　　制作如图 6.10 所示的乐团报名表。

浙江交响乐团公开招聘演奏员报名表

图 6.10　乐团报名表

操作步骤如下：

1. 输入表格标题"浙江交响乐团公开招聘演奏员报名表"及"报考岗位："。
2. 插入一张 11 行 9 列的表格，如图 6.11 所示。

浙江交响乐团公开招聘演奏员报名表
报考岗位：

图 6.11　插入后的表格

3. 输入部分文本内容，并设置文本格式。

（1）设置标题字体为"黑体""三号""居中"。

（2）将"报考岗位"设置为"仿宋""四号"，首行缩进为"2 字符"。

（3）将表格内的所有文本设置为"仿宋""五号"，文本对齐方式为"中部居中"。

（4）将"注意"的相关文本内容设置为"仿宋""小四号""加粗"，首行缩进为"2 字符"。

文本格式设置后的效果如图 6.12 所示。

浙江交响乐团公开招聘演奏员报名表

报考岗位：

注意：以上表格内容必须填写齐全。

图 6.12　设置文本格式后的表格

技能加油站

在合并或拆分单元格之前，先输入表格中部分的文本内容，可以更清晰地知道需要对哪些单元格进行合并或拆分操作。

4. 按照图例，选取相应的单元格，依次执行【表格工具/布局】→【合并】→【合并单元格】/【拆分单元格】命令，完成对单元格的合并或拆分，并将未录入的文本内容补充录入，如图 6.13 所示。

浙江交响乐团公开招聘演奏员报名表

报考岗位：

姓名		身份证号																
户口所在地		民族			性别			政治面貌				近期免冠一寸照						
最高学历	毕业院校				毕业时间													
	毕业证号																	
参加工作时间		健康状况			专业技术职称													
联系地址					固定电话													
					移动电话													
E-mail					邮编													
所学专业及第二、第三专业（能胜任工作方向）					婚姻状况													
现工作单位					工作职务													
个人简历																		
本人声明：上述填写内容真实无误。如有不实，本人愿承担一切法律责任。 本人（签名）：　　　年　月　日																		
单位审核意见	（盖章）　　年　月　日		身份证复印件粘贴处															

注意：以上表格内容必须填写齐全。

图 6.13　合并、拆分单元格后的表格

5. 选取相应的单元格，配合使用【Alt】键，按住鼠标左键调整单元格的列宽与行高。

6. 分别选取"个人简历""单位审核意见""身份证复印件粘贴处"，单击【表格工具/布局】→【对齐方式】中的"文字方向"按钮。选取"本人声明……年月日"文本，设置文本格式为"加粗"，设置完成后如图 6.14 所示。

浙江交响乐团公开招聘演奏员报名表

报考岗位：

图 6.14　调整单元格列宽与行高后的表格

7. 设置表格外框线为 2.25 磅单实线。

选中整个表格，执行【表格工具/设计】→【表格样式】→【边框】→【边框和底纹】命令，在弹出如图 6.9 所示的对话框中选择"边框"中的"自定义"。在"宽度"列表中选择"2.25磅"，单击"预览"中的四条外边框，即可完成设置。

 技能加油站

　　在使用 Word 2010 制作和编辑表格时，可以使用【表格样式】命令快速制作出漂亮的表格。方法如下：单击【表格工具/设计】→【表格样式】命令，在样式列表中选择需要的样式即可。

 课后练习

1. 制作成绩单，效果如图 6.15 所示。

图 6.15　成绩单

2. 制作简历表,效果如图 6.16 所示。

我　的　简　历

个人资料		
姓名：某某某	婚姻状况：未婚	照片
出生日期：1992-04-01	政治面貌：团员	
性别：男	民族：汉	
学位：本科	移动电话：13800000000	
专业：英语	电子邮件：mail.net	
教育背景		
2010.9-2014.6	就读于北京师范大学外国语言文学系	
主要课程		
本科阶段主修	大学英语精读、大学英语泛读、英语口语、英语听力、英语写作、英语口译、翻译学、词汇学、语法学、英美概况、英国文学、美国文学、语言学、日语、中外名胜。	
个人能力		
计算机能力		
能熟练使用 Office 工具以及 Photoshop、Flash 等软件。 获国家计算机二级等级资格证书。		
获奖情况		
2011-2012　优秀学生会干部　　2012　师生合唱比赛一等奖 普通话水平测试等级证书 英语专业八级证书		
自我评价		
本人性格开朗、稳重、有活力，待人热情、真诚。工作认真负责，积极主动，能吃苦耐劳。有较强的组织能力、实际动手能力和团体协作精神，能迅速的适应各种环境，并融入其中。我不是最优秀的，但我是最用功的；我不是太显眼，但我秀踏实；希望我的努力可以让您满意。		

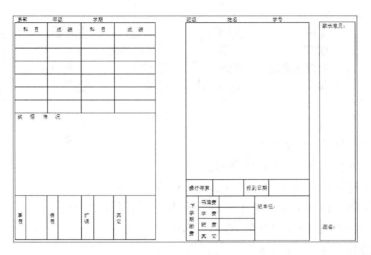

图 6.16　简历表

3. 将下如图 6.17 所示的文本转换成表格,并完成如下操作:

	星期一	星期二	星期三	星期四	星期五
上午	语文 计算机基础	数学 英语	计算机基础 基础会计	语文 心理健康	基础会计 英语
下午	体育	基础会计	数学	自习	法律

图 6.17　文本

（1）合并第 1 列 2 ~ 3 行单元格。

（2）设置单元格对齐方式为"中部对齐"。

（3）设置表格外边框为 2.25 磅单线，内边框为 1 磅单线。

（4）将表格第 1 行和第 1 列的单元格填充为"白色，背景 1，深色 15%"的底纹。

（5）设置斜线表头，输入内容为"课程""星期"。

（6）给表格加上标题"课程表"，并设置为"黑体""二号""居中"。

 项目小结

　　本项目通过"学生基本情况登记表""浙江交响乐团公开招聘演奏员报名表""成绩单"以及"简历表"等表格的制作，使读者学会表格的创建、单元格的合并与拆分、表格内文本的对齐与文字方向的设置、表格边框线的设置方法等。读者在学会项目案例制作的同时，能够活学活用到实际工作生活中。

项目七

学生成绩统计表的制作

项目简介

日常生活中会有很多地方用到表格,项目六中已经向读者介绍了几种常用的表格。在 Word 表格中也可进行公式运算、排序等数据操作,本项目着重介绍这些功能。如图 7.1 所示就是利用 Word 软件制作出学生成绩统计表,并实现总分和平均分的计算,以及按总分降序进行排序的操作。

学生成绩统计表

学号	姓名	VB 程序设计	网络技术	经济数学	体育	英语	总分
10	李明	98	91	67	96	72	424
02	权微	84	80	76	97	73	410
06	朱玲	85	85	60	84	90	404
01	黄一心	83	78	73	89	75	398
09	李曼莉	81	82	74	90	71	398
03	王梦	85	72	80	95	61	393
08	王恺	80	79	60	86	72	377
07	王一文	67	80	69	83	63	362
05	张瑜	77	73	68	78	61	357
04	张山	61	64	71	73	70	339
平均分		80.1	78.4	69.8	87.1	70.8	

图 7.1 学生成绩统计表

知识点导入

1. 利用公式计算:执行【表格工具/布局】→【数据】→【公式】命令。
2. 使用常用函数计算:SUM( )、AVERAGE( )。
3. 对数据排序:选取相关数据,执行【表格工具/布局】→【数据】→【排序】命令。
4. 插入数据图表:执行【插入】→【插图】→【图表】命令。

解决方案

任务1 新建文档

1. 启动 Word 2010,新建空白文档。
2. 设置文档的页面大小为 A4,纸张方向为纵向,上、下、左、右页边距均为"2.5 厘米"。
3. 将新建的文档保存在桌面上,文件名为"学生成绩统计表"。
4. 输入表格标题"学生成绩统计表",并设置文本格式为"二号""黑体""居中"。

任务2 插入、编辑表格

1. 插入表格。

(1) 执行【插入】→【表格】→【插入表格】命令,打开"插入表格"对话框。

(2) 设置"列数"为"8","行数"为"12",如图 7.2 所示。

(3) 单击"确定"按钮,创建出简单表格。

2. 输入文本内容。

对照图 7.3 所示输入文本内容,设置文本对齐方式为"中部居中"。

图7.2 "插入表格"对话框

学生成绩统计表

学号	姓名	VB程序设计	网络技术	经济数学	体育	英语	总分
01	黄一心	83	78	73	89	75	
02	权微	84	80	76	97	73	
03	王梦	85	72	80	95	61	
04	张山	61	64	71	73	70	
05	张瑜	77	73	68	78	61	
06	朱玲	85	85	60	84	90	
07	王一文	67	80	69	83	63	
08	王恺	80	79	60	86	72	
09	李曼莉	81	82	74	90	71	
10	李明	98	91	67	96	72	
平均分							

图7.3 输入文本后的表格

3. 设置表格的边框线。

选择整个表格,执行【表格工具/设计】→【表格样式】→【边框】→【边框和底纹】命令,在弹出如图 7.4 所示的对话框中选择"边框"选项卡中的"自定义",在"样式"列表中选择线型为"══════",单击"预览"中的四条边框。

图7.4　"边框和底纹"对话框

🛢 技能加油站

设置表格中某条内框线时,可以选择需要设置线型的一行或一列,执行【表格工具/设计】→【表格样式】→【边框】→【边框和底纹】命令,在弹出的对话框中选择"边框"选项卡中的"自定义",在"样式"列表中选择线型,在预览框中设置相应的边框线。

设置边框线后的表格如图7.5所示。

学生成绩统计表

学号	姓名	VB 程序设计	网络技术	经济数学	体育	英语	总分
01	黄一心	83	78	73	89	75	
02	权微	84	80	76	97	73	
03	王梦	85	72	80	95	61	
04	张山	61	64	71	73	70	
05	张瑜	77	73	68	78	61	
06	朱玲	85	85	60	84	90	
07	王一文	67	80	69	83	63	
08	王恺	80	79	60	86	72	
09	李曼莉	81	82	74	90	71	
10	李明	98	91	67	96	72	
平均分							

图7.5　设置边框线后的表格

任务3　计算成绩

1. 计算总分。

(1) 将插入点置于"总分"下面的单元格中,执行如图7.6所示的【表格工具/布局】→【数据】→【公式】命令,弹出"公式"对话框,如图7.7所示。

图7.6 "数据"选项组

图7.7 "公式"对话框

 技能加油站

　　常用函数：SUM( )表示返回一组数的和；AVERAGE( )表示返回一组数的平均数；MAX( )表示返回一组数中的最大值；MIN( )表示返回一组数中的最小值。

　　（2）公式栏中默认显示为"＝SUM（LEFT）"公式，单击"确定"按钮，即计算出第一位同学的总成绩。

技能加油站

　　在公式中默认会出现"LEFT"或"ABOVE"，它们分别表示对公式域所在单元格的左侧连续单元格和上面连续单元格内的数据进行计算。

　　（3）依次将插入点放置在要显示总分的单元格内，利用上述公式对各位同学的成绩进行求和运算，计算完成后的表格如图7.8所示。

学生成绩统计表

学号	姓名	VB程序设计	网络技术	经济数学	体育	英语	总分
01	黄一心	83	78	73	89	75	398
02	权微	84	80	76	97	73	410
03	王梦	85	72	80	95	61	393
04	张山	61	64	71	73	70	339
05	张瑜	77	73	68	78	61	357
06	朱玲	85	85	60	84	90	404
07	王一文	67	80	69	83	63	362
08	王恺	80	79	60	86	72	377
09	李曼莉	81	82	74	90	71	398
10	李明	98	91	67	96	72	424
平均分							

图7.8 计算"总分"后的表格

技能加油站

　　Word表格中单元格的命名是由单元格所在的列、行序号组合而成的。列号在前，行号在后。如第3列第2行的单元格名为C2。其中字母大小写通用，使用方法与Excel中相同。

2. 计算平均分。

（1）将插入点置于"平均分"右侧的单元格中，执行【表格工具/布局】→【数据】→【公式】命令，弹出"公式"对话框。删除系统默认的公式，在"粘贴函数"列表中选择"AVER-AGE"，并在公式编辑栏中将公式修改为"＝AVERAGE(ABOVE)"，在"编号格式"列表中输入"0.0"，单击"确定"按钮。

（2）用上述方法，依次计算其余各科的平均分，如图7.9所示。

学生成绩统计表

学号	姓名	VB程序设计	网络技术	经济数学	体育	英语	总分
01	黄一心	83	78	73	89	75	398
02	权微	84	80	76	97	73	410
03	王梦	85	72	80	95	61	393
04	张山	61	64	71	73	70	339
05	张瑜	77	73	68	78	61	357
06	朱玲	85	85	60	84	90	404
07	王一文	67	80	69	83	63	362
08	王恺	80	79	60	86	72	377
09	李曼莉	81	82	74	90	71	398
10	李明	98	91	67	96	72	424
平均分		80.1	78.4	69.8	87.1	70.8	

图7.9　计算"平均分"后的表格

技能加油站

　　在"编号格式"框中可以选择已有或自定义数字格式，此例中定义为"0.0"，表示保留小数点后一位小数。

3. 成绩排序。

选择除"平均分"行外的所有数据内容，执行【表格工具/布局】→【数据】→【排序】命令，在弹出如图7.10所示的"排序"对话框中选择"有标题行"单选按钮，在"主要关键字"部分选择"总分"、"数字"类型、"降序"，单击"确定"按钮。

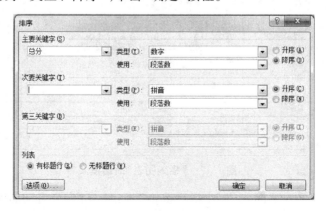

图7.10　"排序"对话框

技能加油站

在对数据进行排序时,不应只选排序关键字列或行,而应该将与之有关联的相关数据全部选中,否则表内数据排序时会错乱。

拓展项目

根据学生成绩统计表,制作出如图7.11所示的成绩统计图。

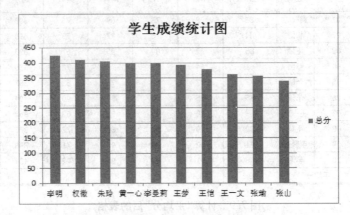

图7.11　学生成绩统计图

操作步骤如下:

1. 将插入点定位在表格的下方。

2. 执行【插入】→【插图】→【图表】命令,弹出如图7.12所示的对话框。

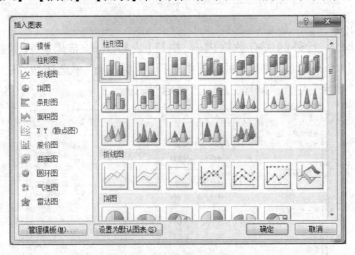

图7.12　"插入图表"对话框

3. 选择"柱形图"中的"簇状柱形图"后单击"确定"按钮,会自动启动与图表相关联的Excel数据表,如图7.13所示。

图 7.13 与表格关联的 Excel 工作表

4. 复制 Word 表格中"姓名"和"总分"两列的数据,分别粘贴到 Excel 工作表中,如图 7.14 所示。

	A	B	C	D	E	F
1	姓名	总分	系列 2	系列 3		
2	李明	424	2.4	2		
3	权微	410	4.4	2		
4	朱玲	404	1.8	3		
5	黄一心	398	2.8	5		
6	李曼莉	398				
7	王梦	393				
8	王恺	377				
9	王一文	362				
10	张瑜	357				
11	张山	339				
12		若要调整图表数据区域的大小,请拖拽区域的右下角。				

图 7.14 粘贴数据

5. 拖曳数据区域右下角的控制点,调整数据区域的大小,调整后的数据区域如图 7.15 所示。

	A	B	C	D	E	F
1	姓名	总分	系列 2	系列 3		
2	李明	424	2.4	2		
3	权微	410	4.4	2		
4	朱玲	404	1.8	3		
5	黄一心	398	2.8	5		
6	李曼莉	398				
7	王梦	393				
8	王恺	377				
9	王一文	362				
10	张瑜	357				
11	张山	339				
12		若要调整图表数据区域的大小,请拖曳区域的右下角。				

图 7.15 调整数据区域大小

6. 关闭 Excel 工作表,此时 Word 中的图表显示如图 7.16 所示。

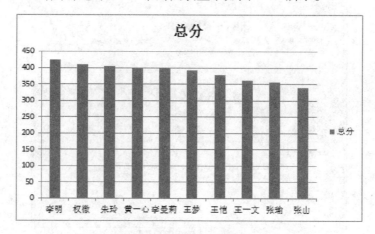

图 7.16　建立的图表

7. 单击图表的标题,修改为"学生成绩统计图"。

 技能加油站

　　如需对图表坐标轴、背景、图例、数据标签等项进行编辑,可以在【图表工具/布局】中进行调整。

 课后练习

1. 制作销售表,效果如图 7.17 所示。

销　售　表　（单位:万元)				
商品	第一季度	第二季度	第三季度	第四季度	年度总和
电视机	1000	1200	1400	1600	
收录机	600	700	800	900	
洗衣机	500	520	540	560	
季度总和					

图 7.17　销售表

对制作好的销售表完成以下操作:
(1)利用公式计算出年度总和与季度总和。
(2)按照年度总和升序的顺序排序。
(3)利用上面的表格制作如图 7.18 所示的图表。

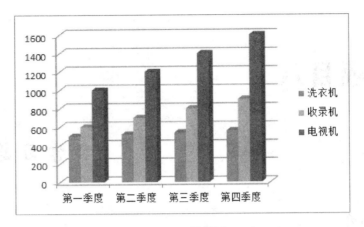

图7.18　销售图

2. 制作成绩表,效果如图7.19所示。

姓名	语文	数学	英语	思想政治
黄立行	98	87	67	88
李萌	87	78	74	79
周成	89	68	65	90
王芯瑶	95	90	89	94
刘梦	87	95	90	95
程萍	93	81	66	78

图7.19　成绩表

根据要求进行如下操作:

(1) 在"思想政治"列后插入一列为"总分","程萍"行下插入一行为"最高分"。

(2) 分别计算"总分"和"最高分"列。

(3) 将成绩按"总分"从高到低进行排序。

(4) 自动套用表格样式"浅色底纹-强调文字颜色1",表格内所有数据的对齐方式为"中部居中"。

 项目小结

本项目通过"学生成绩统计表""学生成绩统计图""销售图"以及"成绩表"等表格的制作,使读者学会表格中的公式计算、数据排序以及根据数据绘制图表等。读者在学会项目案例制作的同时,能够活学活用到实际工作生活中。

项目八

数学习题的编辑

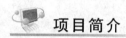
项目简介

在日常学习中,我们会经常碰到一些数学公式,那么这些公式是如何进行录入的呢?答案非常简单,利用 Word 公式编辑器。它用途广泛、功能强大,能够帮助我们快速录入各种公式。如图 8.1 所示的数学习题中的各种公式就是利用 Word 公式编辑器录入的。

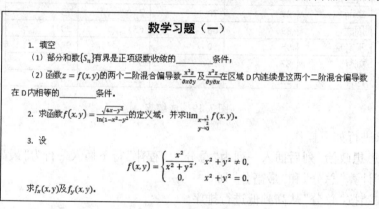

数学习题(一)

1. 填空

(1)部分和数$\{S_n\}$有界是正项级数收敛的_____条件;

(2)函数$z = f(x, y)$的两个二阶混合偏导数$\dfrac{\partial^2 z}{\partial x \partial y}$及$\dfrac{\partial^2 z}{\partial y \partial x}$在区域 D 内连续是这两个二阶混合偏导数在 D 内相等的_____条件。

2. 求函数$f(x, y) = \dfrac{\sqrt{4x-y^2}}{\ln(1-x^2-y^2)}$的定义域,并求$\lim\limits_{\substack{x \to \frac{1}{2} \\ y \to 0}} f(x, y)$。

3. 设

$$f(x, y) = \begin{cases} \dfrac{x^2}{x^2 + y^2}, & x^2 + y^2 \neq 0, \\ 0, & x^2 + y^2 = 0. \end{cases}$$

求$f_x(x, y)$及$f_y(x, y)$。

图 8.1 数学习题

知识点导入

1. 录入公式:执行【插入】→【符号】→【公式】→【插入新公式】命令。
2. 选择公式模板:执行【公式工具/设计】→【结构】命令。
3. 插入公式中的特殊字符:执行【公式工具/设计】→【符号】命令。
4. 绘制几何图形:执行【插入】→【插图】→【形状】命令。

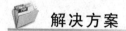
解决方案

任务1 **新建文档**

1. 启动 Word 2010,新建空白文档。

2. 设置文档的页面大小为"A4",纸张方向为"纵向",上、下、左、右页边距均为"2.5厘米"。

3. 将新建的文档保存在桌面上,文件名为"数学习题"。

任务2 编辑习题内容

1. 输入文本。

(1) 输入标题"数学习题(一)"。

(2) 输入正文部分的文本内容:"1.填空……",如图 8.2 所示。

数学习题（一）↵
1. 填空↵
（1）部分和数有界是正项级数收敛的 条件；↵
（2）函数的两个二阶混合偏导数及在区域 D 内连续是这两个二阶混合偏导数在 D 内相等的条件。↵
2. 求函数的定义域，并求。↵
3. 设↵
↵
求及。↵

图 8.2 录入文本

2. 编辑公式。

(1) 编辑第 1 题中第(1)题的公式。

① 将插入点定位在"(1)部分和数"的后面,执行【插入】→【符号】→【公式】→【插入新公式】命令,如图 8.3 所示。

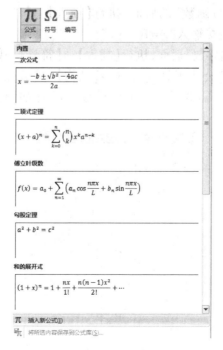

图 8.3 插入新公式

技能加油站

在 Word 2010 中,将一些常用的数学公式作为内置公式保存在模板中,如二次公式、勾股定理、傅立叶级数等,如要录入这些公式时,可以直接插入,无须编辑。

② 执行【公式工具/设计】→【结构】→【括号】命令,在下拉列表中选择"方括号"中的第三种,如图 8.4 所示。

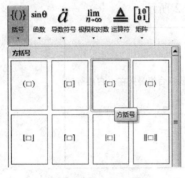

图 8.4   括号模板   图 8.5   上下标模板   图 8.6   公式编辑框

③ 将插入点放在花括号里,再选择"上下标"模板里的"下标"(图 8-5),此时公式编辑框变成了如图 8.6 所示的样式。

④ 此时在编辑框内输入"S"和"n"即可。

(2) 编辑第 1 题中第(2)题的公式。

① 将插入点定位在"(2)函数"的后面,执行【插入】→【符号】→【公式】→【插入新公式】命令,在公式编辑框里直接输入"$z = f(x,y)$"。

② 将插入点定位在"偏导数"后面,执行【插入】→【符号】→【公式】→【插入新公式】命令,在公式编辑框里再执行【公式工具/设计】→【结构】→【分数】命令,在下拉列表中选择"分数(竖式)"。其中的"x^2"需要设置为上标模板,"∂"在如图 8.7 所示的【公式工具/设计】→【符号】里插入。

图 8.7   插入符号

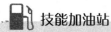 **技能加油站**

使用上、下标模板编辑公式时,在上、下标字符后再录入其他字符,需要注意插入点的位置,如果直接输入会仍旧延续上、下标的格式。按一下向右的方向键将插入点后移可避免此问题。

(3)编辑第2题的公式。

① 将插入点定位在"求函数"的后面,执行【插入】→【符号】→【公式】→【插入新公式】命令。

② 在公式编辑框里输入"$f(x,y)=$",后面的部分首先选择"分数"模板中的"分数(竖式)"模板,分子再选择"根式"中的"平方根"模板,如图8.8所示。分母选择"极限和对数"中的"自然对数"模板,如图8.9所示。分子和分母中还分别要用到"上下标"中的"上标"模板。

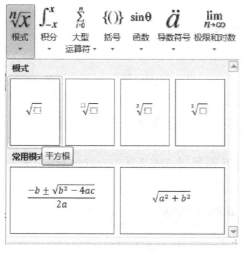

图8.8 根式模板

图8.9 极限和对数模板

③ 将插入点定位在"并求"的后面,执行【插入】→【符号】→【公式】→【插入新公式】命令,选择"极限和对数"中的"极限"模板,依次录入字符。其中还需要用到分数模板,"→"也在【公式工具/设计】→【符号】里插入。

(4)编辑第3题公式。

① 将插入点定位在"设"的下一行,执行【插入】→【符号】→【公式】→【插入新公式】命令。

② 在公式编辑框里输入"$f(x,y)=$",后面的部分首先选择"括号"中的"单方括号"模板,如图8.10所示。选中花括号后面的□,再选择"矩阵"中的"2×2空矩阵"模板,如图8.11所示,对应着输入四个部分的内容。在这个公式中还要用到"分数(竖式)"和"上标"模板,公式中的"$\neq$"在【公式工具/设计】→【符号】里插入。

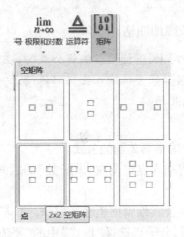

图8.10 括号模板	图8.11 矩阵模板

③ 将插入点定位在相应位置,执行【插入】→【符号】→【公式】→【插入新公式】命令,应用"下标"模板,编辑"$f_x(x,y)$"和"$f_y(x,y)$"。

任务3 文档排版

1. 设置标题格式。

选中标题"数学习题(一)",设置为"黑体""小三号""居中"。

2. 设置下划线。

分别选中两处空格,执行【开始】→【字体】→【下划线】命令,如图8.12所示。

3. 设置段落格式。

选择除标题和第3题公式外的内容,执行【开始】→【段落】命令,在弹出如图8.13所示的对话框中设置"特殊格式"为"首行缩进","磅值"为"2字符"。

图8.12 下划线

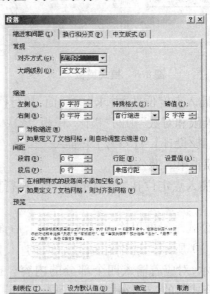

图8.13 "排序"对话框

技能加油站

对于需要不连续显示但要设置相同格式的文本,可以使用格式刷。如果多处需要使用格式刷,可以双击格式刷,操作完成后,再单击关掉。

拓展项目

制作如图 8.14 所示的几何习题。

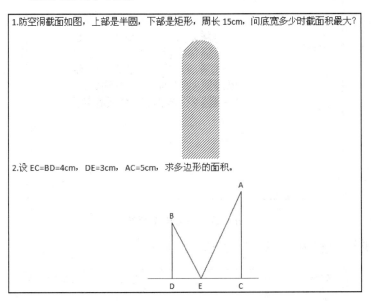

图 8.14　几何习题

操作步骤如下:

1. 录入文字内容。

2. 执行【插入】→【插图】→【形状】命令,选择"矩形",并绘制一个矩形,如图 8.15 所示。

3. 选中绘制好的矩形,在【绘图工具/格式】→【大小】中修改矩形的高度和宽度分别为 "4 厘米""1.5 厘米",如图 8.16 所示。

图 8.15　绘制矩形　　　　　　　　　图 8.16　设置矩形大小

4. 在矩形上单击鼠标右键,在弹出的快捷菜单中选择"设置形状格式"命令,在弹出的"设置形状格式"对话框中,设置"填充"为"图案填充"中的"浅色上对角线",前景色为"黑色,文字 1",如图 8.17 所示。

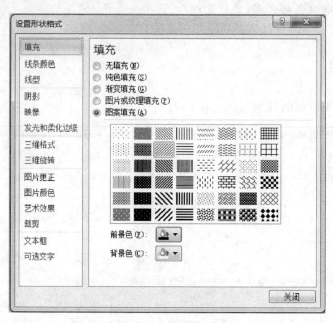

图 8.17　设置图案填充

5. 设置"线条颜色"为"无线条",如图 8.18 所示。

图 8.18　设置线条的颜色

6. 执行【插入】→【插图】→【形状】命令,选择"基本形状"中的"饼形",并绘制一个饼形,如图 8.19 所示。

7. 拖动饼形的两个黄色控制点,将饼形调整为半圆形,如图 8.20 所示。

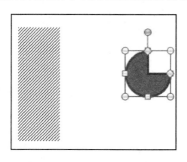

图 8.19　绘制饼形

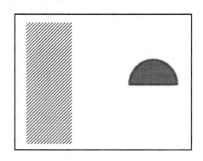

图 8.20　调整图形

8. 调整半圆形的线条颜色和填充样式,并设置半圆形的高度和宽度均为"1.5 厘米",将半圆形移动到矩形的上方,如图 8.21 所示。

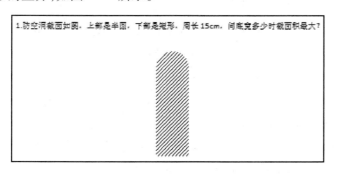

图 8.21　移动图形

9. 选择矩形,按住【Shift】键,再选择半圆形,右键单击,执行【组合】→【组合】命令,将两个形状组合成一个对象。

 技能加油站

　　将多个图形组合在一起后,方便统一移动与调整大小。如果想分解组合后的图形对象,可以右键单击,执行快捷菜单中的【组合】→【取消组合】命令,将组合对象再分解开来。

10. 录入第 2 题的文本内容后,依次执行【插入】→【插图】→【形状】命令,选择"直线",并绘制五条直线,如图 8.22 所示。

 技能加油站

　　按住【Shift】键绘制直线,可以绘制出水平直线、垂直直线、45°直线。

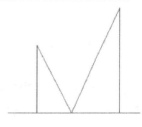

图 8.22　绘制直线

11. 按住【Shift】键,选择所有直线,在右键快捷菜单中执行【设置形状格式】命令,将线条颜色改为"黑色,文字1"。

12. 执行【插入】→【文本】→【文本框】命令,在下拉列表中选择"绘制文本框"命令,在相应的位置绘制五个文本框,并设置文本框的填充为"无填充",线条颜色为"无线条"。

13. 按住【Shift】键,依次选择所有的直线和文本框,在右键快捷菜单中执行【组合】→【组合】命令,将所有对象组合在一起,如图8.23所示。

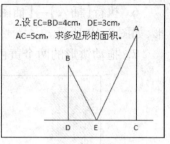

图8.23 组合图形

 课后练习

1. 新建文档,录入如图8.24所示的数学公式。

$$\begin{cases} \dfrac{\mathrm{d}x}{\mathrm{d}t} + 3x - y = 0, x\mid_{t=0} = 1, \\ \dfrac{\mathrm{d}y}{\mathrm{d}t} - 8x + y = 0, x\mid_{t=0} = 0; \end{cases}$$

$$\sum_{n=1}^{\infty} \frac{1}{n\sqrt[n]{n}};$$

$$\iiint\limits_{\Omega} (x^2 + y^2 + z^2)\, \mathrm{d}v$$

图8.24 数学公式

2. 新建文档,绘制如图8.25所示的数学几何图形。

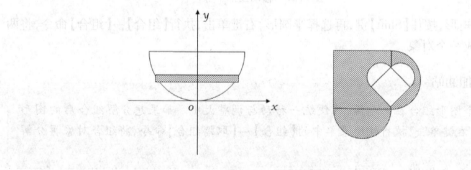

图8.25 几何图形

 项目小结

本项目通过编辑"数学习题"和"几何习题"以及课后练习等,使读者学会在 Word 中对数学公式、几何图形进行编辑。读者在学会项目案例制作的同时,能够活学活用到实际工作生活中。

项目九

成绩报告单的制作

 项目简介

　　每学期的期末,班主任都会给每位同学邮寄成绩报告单。这些成绩报告单,我们可以使用 Word 来制作完成。在 Word 中,利用邮件合并功能可一次创建多个文档。这些文档具有相同的布局、格式、文本和图形,如批量标签、信函、信封和电子邮件,包括 Word 可以使用邮件合并创建的文档。邮件合并过程中包含有三个文档:主文档、数据源、合并的文档。如图 9.1 所示即为合并完成后的成绩报告单。

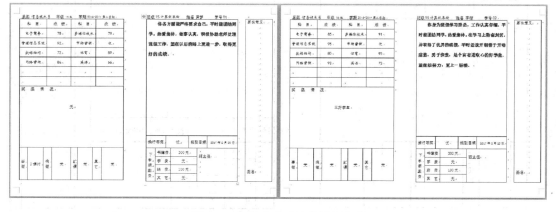

图9.1　合并完成后的成绩报告单

 知识点导入

　　利用"邮件合并向导"来完成邮件合并的制作,首先建立需要进行邮件合并的主文档和数据源文件,依次执行【邮件】→【开始邮件合并】→【开始邮件合并】→【邮件合并分步向导】命令,启动邮件合并的向导,在此向导中,分别完成主文档与数据源的连接、在主文档中插入域直至邮件合并完成。

解决方案

任务1 新建成绩单

新建文档,创建如图9.2所示的表格,保存为"成绩报告单"。本例中所使用的成绩报告单在项目六的课后练习中已经制作完成,可以输入相应的文本后直接使用。编辑好的成绩单作为主文档,素材包里的"成绩信息.xlsx"(图9.3)作为数据源,制作最终的成绩报告单。

系部 信息技术系 年级15级 学期2016-2017 第二学期				班级15计算机本科 姓名 学号		
科 目	成 绩	科 目	成 绩			家长意见:
电子商务		多媒体技术				
管理信息系统		市场营销				
数据结构		体育				
网络营销		英语				
获 惩 情 况						
				操行等第	报到日期 2017年2月20日	
事假	病假	旷课	其它	无	下学期缴费 书本费 300元 学费 无 班费 100元 其它 无 班主任:	签名:

图9.2 成绩报告单

学号	姓名	电子商务	多媒体技术	管理信息系统	市场营销	数据结构	体育	网络营销	英语	奖惩情况	事假	病假	旷课	评语	操行等第	家庭地址
01	黄梦	78	79	92	优	72	89	86	65		2课时	无	无	……	优	新沂市新安镇老庄村潘塘路7组22号
02	李徽	85	91	95	优	80	95	93	73	三好学生	无	无	无	……	优	丰县常店镇于双楼村庆元
03	王心茹	85	89	91	优	73	95	91	73	校园歌手第二名	无	无	无	……	优	徐州市煤建东三巷19号楼204
04	张山峻	60	63	69	中	88	76	60	65	无	6课时	无	无	……	优	铜山县利国郭家村
05	朱羽扬	65	78	98	良	61	91	80	65	无	无	无		……	优	沛县朱庄镇李新庄村623号
06	王媛琦	62	78	67	良	62	66	77	67	无	无	无		……	优	铜山新区嘉惠C1-3-666
07	王凯	75	80	94	优	74	88	83	70	无	无			……	优	铜山大屯镇共庄18队
08	李莉娜	82	78	87	良	86	98	83	90	三好学生	无	无	无	……	优	徐州市徐钢七宿舍49-5-666室
09	李雪	84	78	92	优	74	92	86	79	优秀团员	无	无	无	……	优	睢宁县庆安乡东楼村张茂楼999号
10	赵宇	80	81	80	良	78	83	87	66	无	无	无		……	优	沛县沛城镇东风路630号
11	沈沉	76	78	93	优	70	82	80	69	无	无	无		……	优	南京市黄庙镇平楼村兵器楼
12	张悦	66	78	85	优	67	90	80	69	无	无	无		……	优	南京市浦口区幸福英城44-1005室
13	程明	80	78	90	良	62	91	60	71	无	1课时	无	无	……	良	徐州市中李家医院
14	贾文文	63	78	86	中	72	76	77	68	无	无	无		……	良	徐州市苏堤北路新事业小区66-6-606
15	王兵豪	80	82	81	中	84	96	87	69	优秀班干	无	无	无	……	良	徐州市丰县常店镇白庄村133号
16	赵磊磊	80	78	72	优	72	60	84	70	无	无	无		……	良	徐州市野于殿41-3-603
17	张蘅蘅	61	78	88	及格	61	82	77	70	无	无	无		……	良	徐州市睢宁县高作镇单湖村沛作
18	刘一明	60	75	82	及格	61	90	72	69	无	无	无		……	良	徐州市房村镇郎湾村4队
19	王峰	63	78	77	及格	61	82	60	69	无	2课时	无	无	……	良	徐州市经济开发区大黄山镇新王村16组
20	李若海	80	78	90	优	65	88	89	66	无	1课时	无	无	……	良	

图9.3　成绩信息

任务2　连接主文档与数据源文件

1. 主文档必须和数据源文件进行连接才能实现邮件合并的功能,执行【邮件】→【开始邮件合并】→【开始邮件合并】→【邮件合并分步向导】命令,如图9.4所示。

2. 在 Word 窗口右边打开的"邮件合并"窗口中,依次执行"信函"→"使用当前文档"→"使用现有列表"→"浏览"命令,如图9.5所示。

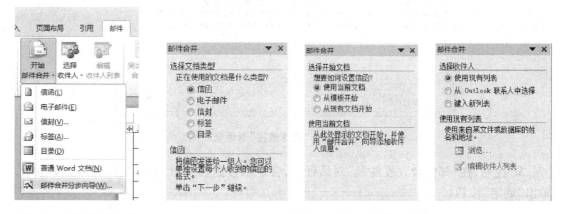

图9.4　执行【邮件合并
　　　分步向导】命令

图9.5　邮件合并分步向导

3. 在打开的如图9.6所示的"选取数据源"对话框中,选择"成绩信息. xlsx"文件,单击"打开"按钮。

图 9.6　"选取数据源"对话框

4. 在打开的如图 9.7 所示的"选择表格"对话框中选择"Sheet1"，单击"确定"按钮。

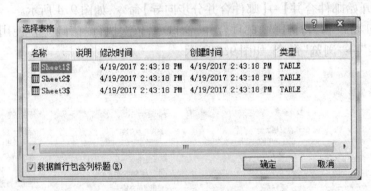

图 9.7　"选择表格"对话框

5. 此时，在"邮件合并收件人"对话框中，会显示数据表内的记录信息，如图 9.8 所示，单击"确定"按钮。

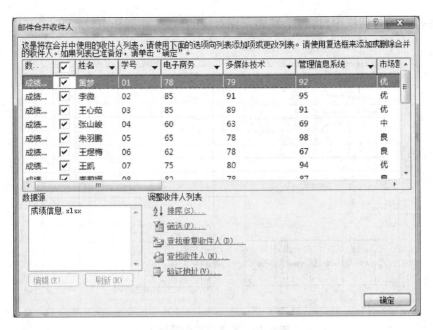

图9.8　"邮件合并收件人"对话框

🛢️ **技能加油站**

　　如果想更改与主文档连接的数据源,可以选择在收件人这一步中单击"选择另外的列表"命令;如果只需用数据源中的部分数据信息,可以单击"编辑收件人列表"命令,在"邮件合并收件人"对话框中,可以筛选或勾选需要的数据信息。

任务3　在主文档中插入域

　　1. 选取数据源后,在邮件合并的第3步继续单击"下一步:撰写信函"命令。

　　2. 撰写信函时,将插入点定位在成绩的下面,选择"其他项目",打开"插入合并域"对话框,如图9.9所示。

图9.9　"插入合并域"对话框

3. 在打开的对话框中,将各个域插入到对应的位置,如图9.10所示。

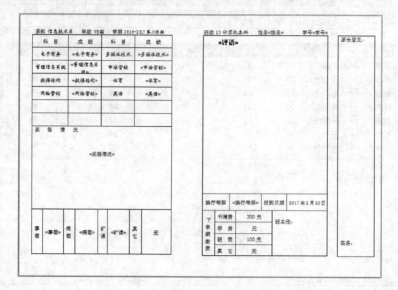

图9.10 插入域后的成绩单

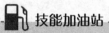 技能加油站

将数据源中的各个域插入到主文档中的对应位置后,如需进行文本格式的设置,可直接选择对应的域,直接进行格式的设置。

任务4 预览信函

1. 将各个域插入完成后,继续执行"下一步:预览信函"命令,此时显示数据源中第一位学生的成绩单,如图9.11所示。

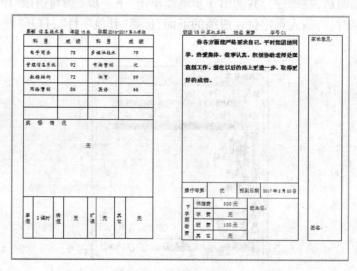

图9.11 预览信函

2. 如想浏览其他人的成绩单,可在如图 9.12 所示的【邮件】→【预览结果】中单击下一条记录按钮,也可以在如图 9.13 所示的向导中单击下一条记录按钮。

图 9.12　预览结果　　　　　　　　图 9.13　预览信函

技能加油站

在邮件合并时,预览信函中的每一条记录,查看数据记录合并后的效果,如需要编辑可再重新设置。

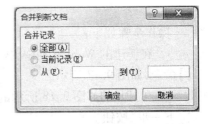

3. 预览信函,不需要修改后,单击"下一步:完成合并"→"下一步:编辑单个信函"按钮,弹出"合并到新文档"对话框,如图 9.14 所示,选中"全部"单选按钮,并单击"确定"按钮。

4. 此时,会打开名为"信函 1"的文档,里面包含所有学生的成绩单信息,如图 9.15 所示。

图 9.14　"合并到新文档"对话框

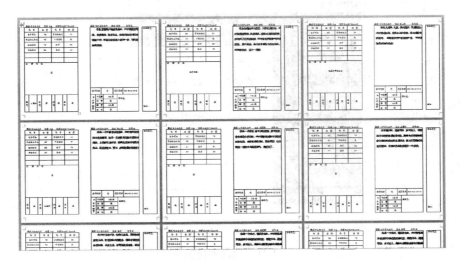

图 9.15　信函 1

5. 将"信函 1"保存为"合并后成绩单"。

拓展项目

根据"成绩信息.xlsx",为成绩报告单制作出如图9.16所示的信封。

图9.16　信封

操作步骤如下:

图9.17　【中文信封】命令

1. 在新建的 Word 文档中,执行【邮件】→【创建】→【中文信封】命令,如图9.17所示。

2. 在打开的如图9.18所示的"信封制作向导"对话框中,单击"下一步"按钮。

图9.18　信封制作向导

3. 在如图9.19所示的"信封样式"这一步中,选择所需的信封样式,并单击"下一步"按钮。

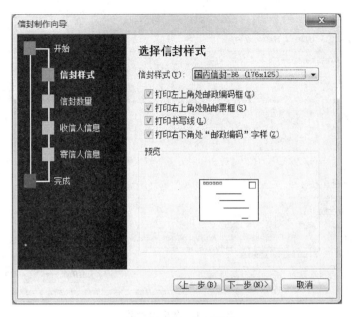

图 9.19 选择信封样式

4. 在如图 9.20 所示的"信封数量"这一步中,选择"基于地址簿文件,生成批量信封"单选按钮,并单击"下一步"按钮。

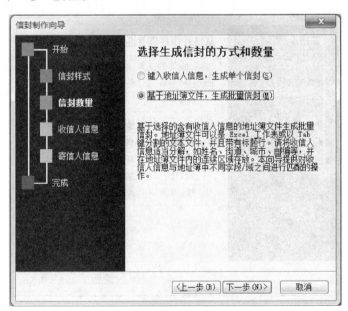

图 9.20 选择生成信封的方式和数量

5. 在"收件人信息"这一步中,单击"选择地址簿"按钮,在打开的如图 9.21 所示的"打开"对话框中选取数据源"成绩信息. xlsx"文件。

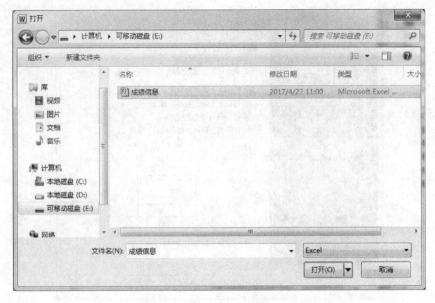

图9.21 选择地址簿

6. 连接好数据源后,在"匹配收信人信息"栏中,匹配地址簿中的对应项,匹配完成后如图9.22 所示。

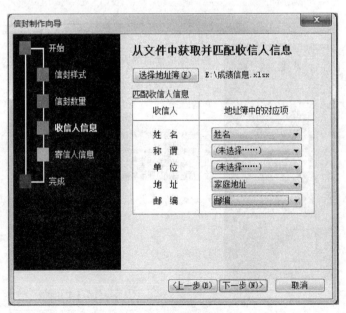

图9.22 匹配收信人信息

7. 单击"下一步"按钮,在"输入寄信人信息"这一步中,输入寄信人的相关信息,如图9.23 所示。

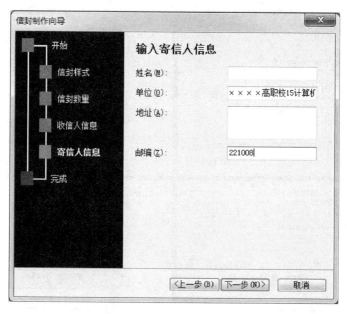

图9.23　输入寄信人信息

8. 依次单击"下一步""完成"按钮,会自动启动完成后的文档。

9. 将该文档以"信封"为名保存,至此即完成成绩报告单信封的制作。

 课后练习

利用项目三制作的请柬和素材包中的"通讯簿.xlsx",制作如图9.24所示的请柬和如图9.25所示的请柬信封。

图9.24　请柬

图 9.25　请柬信封

项目小结

　　通过对制作"成绩报告单""信封""请柬"以及"请柬信封"等项目的制作,读者学会如何减少工作量,利用邮件合并功能处理主要内容和格式都相同的批量文档、信件等。读者在学会项目案例制作的同时,能够活学活用到实际工作生活中。

项目十

员工基本信息表的制作

项目简介

无论是企业还是事业单位,都需要对自己的员工信息进行统一的管理,将员工的基本情况整理并建立员工的信息表,这样可以更好地对员工的基本情况进行管理。如图 10.1 所示就是利用 Excel 软件制作出来的员工基本信息表。

人才有限公司员工基本信息表						
编号	姓名	性别	部门	入职时间	学历	基本工资
JS001	黄成兰	男	行政部人	1993/3/1	本科	3600
JS002	王小成	男	力资源部	2001/5/10	硕士	3100
JS003	刘小丽	女	力资源部	2000/9/2	本科	3200
JS004	毛东地	男	市场部	1990/7/1	大专	3500
JS005	王小川	男	行政部人	1997/5/3	本科	3700
JS006	张大为	男	行政部人	1996/5/3	本科	3600
JS007	那行程	男	物流部	1987/7/6	中专	4100
JS008	花岩	男	培训部	1978/5/6	中专	4100
JS009	程冰	女	培训部	1988/7/5	大专	4200
JS010	唐利花	女	物流部	1986/4/4	大专	4200
JS011	宁来财	男	行政部人	1985/10/11	大专	4600
JS012	张丰收	男	培训部	1996/6/3	本科	3100
JS013	李平平	女	力资源部	1992/5/6	本科	3100
JS014	甘霜	女	行政部人	2002/7/2	硕士	3000
JS015	李庆丰	男	市场部	2005/8/9	硕士	3000
JS016	范冰冰	女	市场部	2006/10/12	硕士	3000
JS017	王小贱	男	市场部	2011/7/1	硕士	2900
JS018	李唯一	男	市场部	1990/7/3	本科	3600
JS019	张正在	男	物流部	1999/6/6	本科	3500
JS020	李小花	女	行政部人	1987/3/5	大专	4200
JS021	田英英	女	行政部人	2014/6/4	硕士	2900

图 10.1　员工基本信息表

知识点导入

1. 对齐单元格内容:执行【开始】→【对齐方式】命令。

2. 调行高:执行【开始】→【单元格】→【格式】→【行高】命令。

3. 设置底纹:执行【开始】→【单元格】→【格式】→【设置单元格格式】命令,选择"填充"选项卡。

4. 设置边框: 执行【开始】→【单元格】→【格式】→【设置单元格格式】命令,选择"边框"选项卡。

 解决方案

任务 1 新建文档

1. 启动 Excel 2010,新建空白工作簿。
2. 将新建的工作簿保存在桌面上,文件名为"员工基本信息表"。

任务 2 输入表格相关内容

1. 输入编号。

(1) 在 A3 单元格中输入编号"JS001"。

(2) 选中 A3 单元格,按住鼠标左键拖曳其右下角的填充句柄至 A23 单元格,如图 10.2 所示,填充后的"编号"数据如图 10.3 所示。

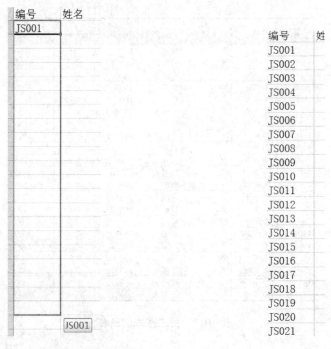

图 10.2 使用填充句柄填充"编号"   图 10.3 填充后的"编号"

2. 输入员工的"部门"。

(1) 为"部门"设置有效数据序列。

在一个公司里,工作部门是一个相对固定的数据,为了提高输入效率,可以为"部门"定义一组序列值,这样在输入的时候,就可以直接从序列值中选取了。

① 选中 D3: D23 单元格区域。

② 执行【数据】→【数据工具】→【数据有效性】→【数据有效性】命令,打开"数据有效性"对话框,如图 10.4 所示。

图 10.4　"数据有效性"对话框

③ 在"设置"选项卡中,设置"允许"为"序列",然后在下面"来源"文本框中输入"行政部,人力资源部,市场部,物流部,培训部",如图 10.5 所示。

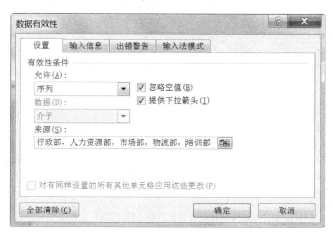

图 10.5　"设置"选项卡

(2) 根据具体内容填入相关的内容。

技能加油站

　　在来源里输入"行政部,人力资源部,市场部,物流部,培训部"时,各部中间的逗号一定要用英文半角逗号,不能用中文全角逗号。

3. 设置日期格式。

选中 E3:E23 单元格区域并单击鼠标右键,在弹出的快捷菜单中选择【设置单元格格式】命令,打开"设置单元格格式"对话框,在"数字"选项卡的"分类"中选中"日期"选项,在对应"类型"中选择" * 2001/3/14",如图 10.6 所示。

图 10.6　设置日期格式

4. 输入其他相关内容。

输入员工"姓名""性别""部门""入职时间""学历""基本工资",如图 10.7 所示。

编号	姓名	性别	部门	入职时间	学历	基本工资
JS001	黄成兰	男	行政部人	1993/3/1	本科	3600
JS002	王小成	男	力资源部	2001/5/10	硕士	3100
JS003	刘小丽	女	力资源部	2000/9/2	本科	3200
JS004	毛东地	男	市场部	1990/7/1	大专	3500
JS005	王小川	男	行政部人	1997/5/3	本科	3700
JS006	张大为	男	行政部人	1996/5/3	本科	3600
JS007	那行程	男	物流部	1987/7/6	中专	4100
JS008	花岩	男	培训部	1978/5/6	中专	4100
JS009	程冰	女	培训部	1988/7/5	大专	4200
JS010	唐利花	女	物流部	1986/4/4	大专	4200
JS011	宁来财	男	行政部人	1985/10/11	大专	4600
JS012	张丰收	男	培训部	1996/6/3	本科	3100
JS013	李平平	女	力资源部	1992/5/6	本科	3100
JS014	甘霜	女	行政部人	2002/7/2	硕士	3000
JS015	李庆丰	男	市场部	2005/8/9	硕士	3000
JS016	范冰冰	女	市场部	2006/10/12	硕士	3000
JS017	王小贱	男	市场部	2011/7/1	硕士	2900
JS018	李唯一	男	市场部	1990/7/3	本科	3600
JS019	张正在	男	物流部	1999/6/6	本科	3500
JS020	李小花	女	行政部人	1987/3/5	大专	4200
JS021	田英英	女	行政部人	2014/6/4	硕士	2900

图 10.7　输入其他相关内容

任务 3　格式化表格

1. 设置标题。

（1）选中 A1 单元格,输入内容"人才有限公司员工基本信息表"。

（2）选择 A1：G1 单元格区域,执行【开始】→【对齐方式】→【合并后居中】命令,如图 10.8 所示;或者单击【开始】→【对齐方式】组右下角的对话框启动器按钮,打开"设置单元格格式"对话框,在"对齐"选项卡中设置"水平对齐"为"居中",选中"文本控制"中的"合并单元格"复选框,如图 10.9 所示。

图 10.8　设置对齐方式

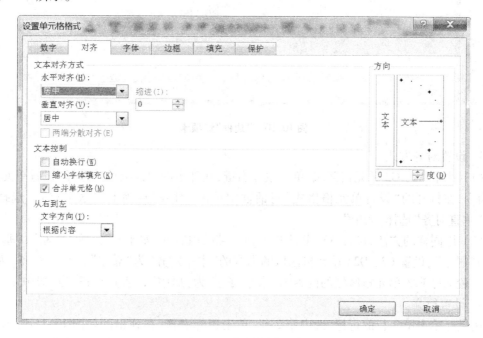

图 10.9　"对齐"选项卡

2. 设置标题文字。

选中标题,执行【开始】→【字体】命令,字体选择"宋体",字号选择"20",字形选择"加粗",颜色选择"蓝色"。

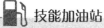 **技能加油站**

在设置文中数据对齐方式时,也可单击鼠标右键,在弹出的快捷菜单中选择相应的命令。

3. 设置表格边框线。

选择 A2：G2 单元格区域,单击鼠标右键,在弹出的快捷菜单中选择"设置单元格格式"命令,在打开的"设置单元格格式"对话框中单击"边框"选项卡,选择线型"————",单击

"外边框";选择线型"————",单击"内部"。

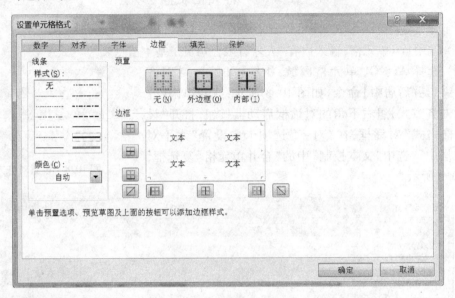

图 10.10 "边框"选项卡

4. 设置对齐方式。

（1）选中 A2：G2 单元格区域,单击鼠标右键,在弹出的快捷菜单中选择"设置单元格格式"命令,在打开的"设置单元格格式"对话框中单击"对齐"选项卡,"水平对齐"选择"居中","垂直对齐"选择"居中"。

（2）用同样的方法,设置 A3：B23 单元格区域的内容的"水平对齐"为"靠左","垂直对齐"为"居中";设置 C3：D23 单元格区域的内容的"水平对齐"为"靠左","垂直对齐"为"居中";设置 F3：F23 单元格区域的内容的"水平对齐"为"居中","垂直对齐"为"居中"。

5. 设置行高。

用鼠标单击第 2 行的行标,选中第 2 行,单击鼠标右键,在弹出的如图 10.11 所示的快捷菜单中选择"行高"命令,在打开的如图 10.12 所示的对话框中设置"行高"为"30"。

图 10.11 设置行高　　　　　图 10.12 "行高"对话框

6. 设置单元格底纹。

（1）选中 A2：G2 单元格区域，单击鼠标右键，在弹出的快捷菜单中选择"设置单元格格式"命令，在打开的"设置单元格格式"对话框中单击"填充"选项卡，如图 10.13 所示。

图 10.13　"填充"选项卡

（2）单击"填充效果"按钮，打开如图 10.14 所示的"填充效果"对话框，设置请参考图 10.14，单击"确定"按钮。

图 10.14　"填充效果"对话框

拓展项目

制作如图10.15所示的工作日程安排表。

工作日程安排表				
				2015年6月
日期	周	上午	下午	备注
10号	周一	安排本周的计划	找相关人员谈话	
11号	周二	报总经理审批人事合同；督促各部门进行内部培训工作	部分销售经理面试	
12号	周三	审核员工奖惩制度	参加产品营销会	
13号	周四	员工关系梳理		
14号	周五	各部门内部培训跟踪	召开产品推介动员大会	保证有足够的产品宣传资料
15号	周六	休息	休息	
16号	周日	休息	休息	
17号	周一	绩效考核制作的审批	薪资结构的调整	
18号	周二	审批转正人员名单	约谈后备人员2人	
19号	周三	面试总经理助理	面试行政主管	
20号	周四	复试审批		
21号	周五	制定下个月工作计划		
22号	周六	休息	休息	
23号	周日	休息	休息	
24号	周一	安排本周的计划	核算薪资	

图10.15 工作日程安排表

操作步骤如下：

1. 在A1单元格中输入表格标题“工作日程安排表”；在A2单元格中输入“2015年6月”。

2. 输入相关内容，如图10.16所示。

工作日程安排表				
2015年6月				
日期	周	上午	下午	备注
10号	周一	安排本周的计划	找相关人员谈话	
11号	周二	报总经理审批人事合	部分销售经理面试	
12号	周三	审核员工奖惩制度	参加产品营销会	
13号	周四	员工关系梳理		
14号	周五	各部门内部培训跟踪	召开产品	保证有足够的产品宣传资料
15号	周六	休息	休息	
16号	周日	休息	休息	
17号	周一	绩效考核制作的审批	薪资结构的调整	
18号	周二	审批转正人员名单	约谈后备人员2人	
19号	周三	面试总经理助理	面试行政主管	
20号	周四	复试审批		
21号	周五	制定下个月工作计划		
22号	周六	休息	休息	
23号	周日	休息	休息	
24号	周一	安排本周的计划	核算薪资	

图10.16 输入后的表格

3. 设置单元格格式。

（1）选中工作表中的A1：D1单元格区域，执行【开始】→【对齐方式】→【合并后居中】

命令；在【开始】→【字体】选项组中设置字号为“26”。

(2) 选中工作表中的 A2：D2 单元格区域，执行【开始】→【对齐方式】→【合并后居中】命令，再单击【对齐方式】选项组中的“文本右对齐”按钮。

(3) 选中 C4：E18 单元格区域，单击鼠标右键，在弹出的快捷菜单中选择“设置单元格格式”命令，在打开的对话框中单击“对齐”选项卡，在“文本控制”栏中单击选中“自动换行”复选框，单击“确定”按钮。

(4) 选择 A3：E3 单元格区域，然后单击【开始】→【对齐方式】选项组中的“居中”按钮。

(5) 保持 A3：E3 单元格区域的选中状态，在【开始】→【字体】选项组中设置字体为“黑体”，字号为“14”。

(6) 单击【开始】→【字体】选项组中的“填充颜色”按钮右侧的下拉按钮，在弹出的下拉列表中选择“水绿色，强调文字颜色 5，淡色 60%”选项。

设置单元格格式后的表格如图 10.17 所示。

4. 调整行高和列宽。

(1) 单击工作表中的“8”行号，执行【开始】→【单元格】→【格式】命令，在打开的列表中选择“自动调整行高”命令，将所选行的行高自动调整为适当的单元格内容的宽度。

(2) 将鼠标指针移至“C”列标上，单击选择该列的所有单元格，执行【开始】→【单元格】→【格式】命令，在打开的列表中选择“列宽”命令，打开“列宽”对话框，在文本框中输入“15”。

5. 为单元格添加边框和底纹。

(1) 选择 A3：E18 单元格区域，按【Ctrl】+【1】组合键，打开“设置单元格格式”对话框，单击“边框”选项卡，在“线条”栏的“样式”列表框中选择右侧的倒数第二个样式，然后单击“预置”栏中的“外边框”按钮，单击“确定”按钮。

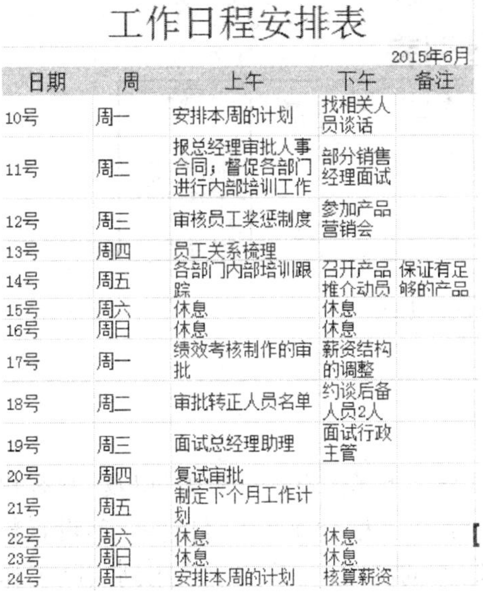

工作日程安排表

2015年6月

日期	周	上午	下午	备注
10号	周一	安排本周的计划	找相关人员谈话	
11号	周二	报总经理审批人事合同；督促各部门进行内部培训工作	部分销售经理面试	
12号	周三	审核员工奖惩制度	参加产品营销会	
13号	周四	员工关系梳理		
14号	周五	各部门内部培训跟踪	召开产品推介动员	保证有足够的产品
15号	周六	休息	休息	
16号	周日	休息	休息	
17号	周一	绩效考核制作的审批	薪资结构的调整	
18号	周二	审批转正人员名单	约谈后备人员2人	
19号	周三	面试总经理助理	面试行政主管	
20号	周四	复试审批		
21号	周五	制定下个月工作计划		
22号	周六	休息	休息	
23号	周日	休息	休息	
24号	周一	安排本周的计划	核算薪资	

图 10.17　设置单元格格式后的表格

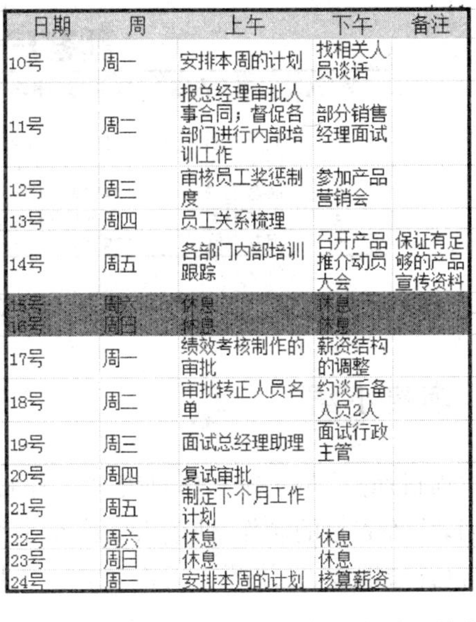

日期	周	上午	下午	备注
10号	周一	安排本周的计划	找相关人员谈话	
11号	周二	报总经理审批人事合同；督促各部门进行内部培训工作	部分销售经理面试	
12号	周三	审核员工奖惩制度	参加产品营销会	
13号	周四	员工关系梳理		
14号	周五	各部门内部培训跟踪	召开产品推介动员大会	保证有足够的产品宣传资料
15号	周六	休息	休息	
16号	周日	休息	休息	
17号	周一	绩效考核制作的审批	薪资结构的调整	
18号	周二	审批转正人员名单	约谈后备人员2人	
19号	周三	面试总经理助理	面试行政主管	
20号	周四	复试审批		
21号	周五	制定下个月工作计划		
22号	周六	休息	休息	
23号	周日	休息	休息	
24号	周一	安排本周的计划	核算薪资	

图 10.18　设置行高和列宽、边框和底纹后的表格

（2）选择 A9：E10 单元格区域,按【Ctrl】+【1】组合键,打开"设置单元格格式"对话框,单击"填充"选项卡,设置"背景色"为"绿色",单击"图案样式"下拉列表右侧的下拉按钮,在弹出的列表中选择"6.25%灰色"选项,单击"确定"按钮。

设置行高和列宽、边框和底纹后的表格如图 10.18 所示。

 课后练习

1. 制作市场占有率分析表,效果如图 10.19 所示。

市场占有率分析表				
地区：西南				单位：万元
客户名称	公司产品	总占有率	目标占有率	策略
贝贝书城	《学会Word》	7%	8%	提升广告效力,采取多样化的促销手段
	《学会Excel》	6.50%	7%	
	《学会PowerPoint》	8%	9%	
	《学会Outlook》	15%	18%	
	《学会Publisher》	8%	8%	
	《学会Access》	9%	10%	
花香书城	《学会Word》	7%	8%	适当调整产品价格,注重新产品的创新设计
	《学会Excel》	11%	12%	
	《学会PowerPoint》	9%	13%	
	《学会Outlook》	13%	15%	
	《学会Publisher》	12%	15%	
	《学会Access》	10%	10%	
明日书城	《学会Word》	10%	12%	扩展销售渠道
	《学会Excel》	11%	12%	
	《学会PowerPoint》	12%	13%	
	《学会Outlook》	11%	12%	
	《学会Publisher》	13%	15%	
	《学会Access》	9%	10%	

图 10.19　市场占有率分析表

2. 制作新客户开发计划表,效果如图 10.20 所示。

新客户开发计划表						
编号	客户名称	联系人（电话）	预计合作时间			结果
			三个月内	半年内	一年内	
1	天天书店	1314588****			√	继续跟进
2	枝梧书店	1329860****		√		已签约
3	逦客书城	1345132****	√			等待客户回复
4	小站书屋	1360404****		√		放弃
5	柯艾书屋	1375676****	√			继续跟进

图 10.20　新客户开发计划表

 项目小结

本项目通过"员工基本信息表""工作日程安排表""市场占有率分析表"以及"新客户开发计划表"等表格的制作,使读者学会在工作表中设置单元格合并居中,自动换行,设置数据格式,设置边框线、底纹等。读者在学会项目案例制作的同时,能够活学活用到实际工作生活中。

项目十一

产品质量检验表的制作

项目简介

质量检验就是对产品的一项或多项质量特性进行观察、测量、试验,并将结果与规定的质量要求进行比较,以判断每项质量特性合格与否的一种活动。本案例制作的产品质量检测表主要用于对产品质量情况进行记录。如图 11.1 所示就是利用 Excel 软件制作出来的产品质量检测表效果图。

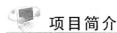

图 11.1　产品质量检测表

知识点导入

1. 简单排序:选择要排序的列,执行【开始】→【编辑】→【排序和筛选】命令。

2. 自定义排序：执行【开始】→【编辑】→【排序和筛选】→【自定义排序】命令。

3. 分类汇总：汇总前先按"分类字段"进行升序或降序排序，然后执行【数据】→【分级显示】→【分类汇总】命令。

4. 删除分类汇总：执行【数据】→【分级显示】→【分类汇总】→【全部删除】命令。

 解决方案

任务1　新建文档

1. 启动 Excel 2010，新建空白文档。

2. 将新建的文档保存在桌面上，文件名为"产品质量检测表"。

任务2　输入质检信息

下面将在新建的工作簿中建立表格的基本框架，然后输入产品的质检信息，并根据产品的抽样数和不良数计算产品的不良率。其具体操作如下：

1. 录入信息。

（1）选中 A1：J1 单元格区域，执行【开始】→【对齐方式】→【合并后居中】命令，在合并后的单元格中输入标题"产品质量检验表"。

（2）按照图 11.2 所示在单元格中录入相应的信息。

日期	产品名称	生产批号	产量	抽样数	成品不良数	加工不良数	良品数	不良数	不良率
	部门：	面料检验科						7月 第 1 周	
2016/7/1	涤纶高弹丝	T-S	2000	200	4	5			
2016/7/1	涤纶POY	T-P	1500	150	3	4			
2016/7/2	T/R弹力布	T/R-T1	1800	180	2	3			
2016/7/2	T/R仿麂皮	T/R-S1	1700	170	2	5			
2016/7/3	锦纶-6DTY	N-6	1000	100	2	2			
2016/7/3	有梭涤棉布	TC-1	1000	100	3	1			
2016/7/3	经编丝光绸	WARP-S	1000	100	2	3			
2016/7/4	经编条绒	WARP-NT	1600	160	1	5			
2016/7/4	经编金光绒	WARP-NJ	1500	150	2	3			
2016/7/4	PVC植绒	FLO-PVC	1000	100	2	1			
2016/7/5	牛仔皮植绒	FLO-J	1000	100	1	2			
2016/7/5	素色天鹅绒	V-S	1600	160	1	3			
2016/7/6	竹节纱布	Z-S	1500	150	1	1			
2016/7/6	色经白纬布	S-BW	1000	100	1	1			
				批示：	郭乐	审核人：	张涵	填表人：	王小慧

图 11.2　录入质检信息

2. 计算良品数、不良数和不良率。

（1）计算良品数。

选择 H4 单元格，在编辑栏中输入公式" = E4 – F4 – G4"，按【Enter】键计算出结果；然后单击 H4 单元格,将光标放到单元格右下角,当出现黑色实心十字架时,按住鼠标左键不放,一直往下拖动到 H17 单元格,松开鼠标左键,并计算出 H5:H17 单元格区域的结果。

 技能加油站

> 单击单元格,将光标放到单元格右下角,当出现黑色实心十字架时,按住鼠标左键不放,一直往下拖动可以快速复制公式,大大节省工作量。

(2)计算不良数。

选择 I4 单元格,在编辑栏中输入公式"=F4+G4",按【Enter】键计算出结果,然后复制该单元格的公式,计算 I5:I17 单元格区域。或者使用填充柄,自动填充 I5:I17 单元格区域。

(3)计算不良率。

选择 J4 单元格,在编辑栏中输入公式"=I4/H4",按【Enter】键计算出结果,然后复制该单元格的公式,计算 J5:J17 单元格区域。或者使用填充柄,自动填充 J5:J17 单元格区域。

(4)设置单元格格式。

选择 J4:J17 单元格区域,单击鼠标右键,在弹出的快捷菜单中选择"设置单元格格式"命令,在打开的对话框中选择"数字"选项卡,在"分类"栏中选择"百分比",再在右侧的"小数位数"中输入"2",将其数字格式设置为保留两位小数的百分比样式。

技能加油站

> 在"数字"选项卡的"分类"列表框中列出了多种数字类型,用户可以根据需要进行设置。

计算完良品数、不良数和不良率并设置完单元格格式后的表格如图 11.3 所示。

部门:	面料检验								7月 第 1 周
日期	产品名称	生产批号	产量	抽样数	成品不良数	加工不良数	良品数	不良数	不良率
2016/7/1	涤纶高弹	T-S	2000	200	4	5	191	9	4.71%
2016/7/1	涤纶POY	T-P	1500	150	3	4	143	7	4.90%
2016/7/2	T/R弹力布	T/R-T1	1800	180	2	3	175	5	2.86%
2016/7/2	T/R仿麂皮	T/R-S1	1700	170	2	5	163	7	4.29%
2016/7/3	锦纶-6DTY	N-6	1000	100	2	2	96	4	4.17%
2016/7/3	有梭涤棉布	TC-1	1000	100	3	1	96	4	4.17%
2016/7/3	经编丝光绸	WARP-S	1000	100	2	3	95	5	5.26%
2016/7/4	经编条绒	WARP-NT	1600	160	1	5	154	6	3.90%
2016/7/4	经编金光绒	WARP-NJ	1500	150	2	3	145	5	3.45%
2016/7/4	PVC植绒	FLO-PVC	1000	100	2	1	97	3	3.09%
2016/7/5	牛仔皮植绒	FLO-J	1000	100	1	2	97	3	3.09%
2016/7/5	素色天鹅绒	V-S	1600	160	1	3	156	4	2.56%
2016/7/6	竹节纱布	Z-S	1500	150	1	1	148	2	1.35%
2016/7/6	色经白纬布	S-BW	1000	100	1	1	98	2	2.04%
				批示:	郭乐	审核人:	张涵	填表人:	王小慧

图 11.3　计算完良品数、不良数和不良率后的表格

任务3 美化表格

1. 设置字体。

设置标题"产品质量检验表"的字体样式为"黑体""24 磅",给第 3 行表头的文字加粗,设置其余文字为"宋体""11 磅"。设置 A2、I2 单元格文字右对齐,表格中其余所有文字水平居中。

2. 设置行高、列宽。

(1)选中表格第 2 行,执行【开始】→【单元格】→【格式】→【行高】命令,输入固定值"24",如图 11.4 所示。

(2)选中表格第 3 行,执行【开始】→【单元格】→【格式】→【行高】命令,输入固定值"21"。

图 11.4 "行高"对话框

(3)选中表格第 4 ~ 17 行,执行【开始】→【单元格】→【格式】→【行高】命令,输入固定值"18"。

(4)选中表格第 18 行,执行【开始】→【单元格】→【格式】→【行高】命令,输入固定值"28"。

(5)适当调整表格列宽。

设置完成后的表格如图 11.5 所示。

	A	B	C	D	E	F	G	H	I	J
2	部门:	面料检验科							7月	第 1 周
3	日期	产品名称	生产批号	产量	抽样数	成品不良数	加工不良数	良品数	不良数	不良率
4	2013/7/1	涤纶高弹丝	T-S	2000	200	4	5	191	9	4.71%
5	2013/7/1	涤纶POY	T-P	1500	150	3	4	143	7	4.90%
6	2013/7/2	T/R弹力布	T/R-T1	1800	180	2	3	175	5	2.86%
7	2013/7/2	T/R仿麂皮	T/R-S1	1700	170	2	5	163	7	4.29%
8	2013/7/3	锦纶-6DTY	N-6	1000	100	2	2	96	4	4.17%
9	2013/7/3	有梭涤棉布	TC-1	1000	100	3	1	96	4	4.17%
10	2013/7/3	经编丝光绸	WARP-S	1000	100	2	3	95	5	5.26%
11	2013/7/4	经编条绒	WARP-NT	1600	160	1	5	154	6	3.90%
12	2013/7/4	经编金光绒	WARP-NJ	1500	150	2	3	145	5	3.45%
13	2013/7/4	PVC植绒	FLO-PVC	1000	100	2	1	97	3	3.09%
14	2013/7/5	牛仔皮植绒	FLO-J	1000	100	1	2	97	3	3.09%
15	2013/7/5	素色天鹅绒	V-S	1600	160	1	3	156	4	2.56%
16	2013/7/6	竹节纱布	Z-S	1500	150	1	1	148	2	1.35%
17	2013/7/6	色经白纬布	S-BW	1000	100	1	1	98	2	2.04%
18					批示:	袁飞	审核人:	吴林	填表人:	傅小倩

图 11.5 调整行高和列宽后的表格

3. 设置边框和底纹。

(1)选中 A3:J17 单元格区域,单击【开始】选项卡的【字体】组右下角的对话框启动器按钮,打开"设置单元格格式"对话框(图 11.6),单击"边框"选项卡,如图 11.7 所示。

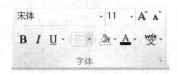

图 11.6 【字体】选项组

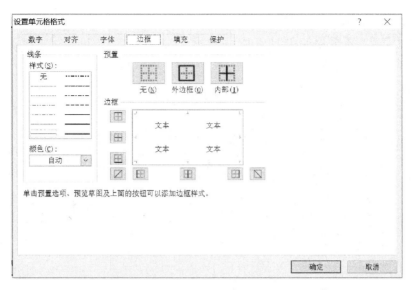

图 11.7　"边框"选项卡

🔋 **技能加油站**

设置表格边框也可以采用手工绘制边框,执行【开始】→【字体】命令,在【字体】选项组中单击按钮 □▾ 右侧下拉箭头,选择"绘图边框"命令。

(2) 在"边框"选项卡的"线条样式"中选择"虚线",在"预置"中选择"内部",如图 11.8 所示,至此表格的内边框就设置完成了。

图 11.8　设置表格内边框

(3) 选中 A18:J18 单元格区域,单击【开始】→【字体】→【绘制边框线】命令,在下拉列表中选择"粗匣框线"选项。

边框设置完成后的效果如图11.9所示。

日期	产品名称	生产批号	产量	抽样数	成品不良数	加工不良数	良品数	不良数	不良率

产品质量检验表

部门：面料检验科　　　　　　　　　　　　　7月 第1周

日期	产品名称	生产批号	产量	抽样数	成品不良数	加工不良数	良品数	不良数	不良率
2013/7/1	涤纶高弹丝	T-S	2000	200	4	5	191	9	4.71%
2013/7/1	涤纶POY	T-P	1500	150	3	4	143	7	4.90%
2013/7/2	T/R弹力布	T/R-T1	1800	180	2	3	175	5	2.86%
2013/7/2	T/R仿麂皮	T/R-S1	1700	170	2	5	163	7	4.29%
2013/7/3	锦纶-6DTY	N-6	1000	100	2	2	96	4	4.17%
2013/7/3	有梭涤棉布	TC-1	1000	100	3	1	96	4	4.17%
2013/7/3	经编丝光绸	WARP-S	1000	100	4	1	95	5	5.26%
2013/7/4	经编条绒	WARP-NT	1600	160	1	5	154	6	3.90%
2013/7/4	经编金光绒	WARP-NJ	1500	150	2	3	145	5	3.45%
2013/7/4	PVC植绒	FLO-PVC	1000	100	2	1	97	3	3.09%
2013/7/5	牛仔皮植绒	FLO-J	1000	100	1	2	97	3	3.09%
2013/7/5	素色天鹅绒	V-S	1600	160	1	3	156	4	2.56%
2013/7/6	竹节纱布	Z-S	1500	150	1	1	148	2	1.35%
2013/7/6	色经白纬布	S-BW	1000	100	1	1	98	2	2.04%
					批示:	袁飞	审核人:	吴林	填表人:	傅小颖

图11.9　设置边框后的表格

（4）选择第3行表头文字，执行【开始】→【字体】→【填充颜色】命令，如图11.10所示，选择标准色"浅绿色"。

（5）用同样的方法为B2、J2、F18、H18、J18单元格设置底纹"橄榄色，强调文字3，淡色40%"。

边框和底纹设置完成后的表格如图11.11所示。

图11.10　"填充颜色"按钮

产品质量检验表

部门：面料检验科　　　　　　　　　　　　　7月 第1周

日期	产品名称	生产批号	产量	抽样数	成品不良数	加工不良数	良品数	不良数	不良率
2013/7/1	涤纶高弹丝	T-S	2000	200	4	5	191	9	4.71%
2013/7/1	涤纶POY	T-P	1500	150	3	4	143	7	4.90%
2013/7/2	T/R弹力布	T/R-T1	1800	180	2	3	175	5	2.86%
2013/7/2	T/R仿麂皮	T/R-S1	1700	170	2	5	163	7	4.29%
2013/7/3	锦纶-6DTY	N-6	1000	100	2	2	96	4	4.17%
2013/7/3	有梭涤棉布	TC-1	1000	100	3	1	96	4	4.17%
2013/7/3	经编丝光绸	WARP-S	1000	100	4	1	95	5	5.26%
2013/7/4	经编条绒	WARP-NT	1600	160	1	5	154	6	3.90%
2013/7/4	经编金光绒	WARP-NJ	1500	150	2	3	145	5	3.45%
2013/7/4	PVC植绒	FLO-PVC	1000	100	2	1	97	3	3.09%
2013/7/5	牛仔皮植绒	FLO-J	1000	100	1	2	97	3	3.09%
2013/7/5	素色天鹅绒	V-S	1600	160	1	3	156	4	2.56%
2013/7/6	竹节纱布	Z-S	1500	150	1	1	148	2	1.35%
2013/7/6	色经白纬布	S-BW	1000	100	1	1	98	2	2.04%
					批示:	袁飞	审核人:	吴林	填表人:	傅小颖

图11.11　边框和底纹设置完成后的表格

（6）选中 J4：J17 单元格区域，执行【开始】→【样式】→【条件格式】→【突出显示单元格规则】→【其他规则】命令，打开"新建格式规则"对话框，如图 11.12 所示。

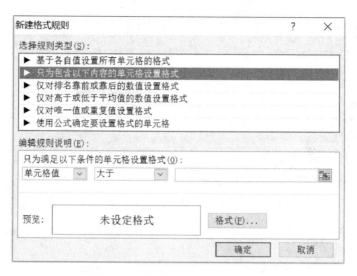

图 11.12　"新建格式规则"对话框

（7）按图 11.13 所示进行设置，在"只为满足以下条件的单元格设置格式"下依次选择"单元格值""大于""0.035"。

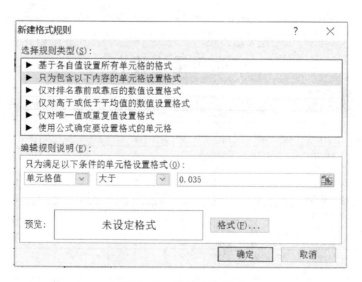

图 11.13　设置新建规则

（8）单击"格式"按钮，打开"设置单元格格式"对话框，在"颜色"中选择"深红"，如图 11.14所示。

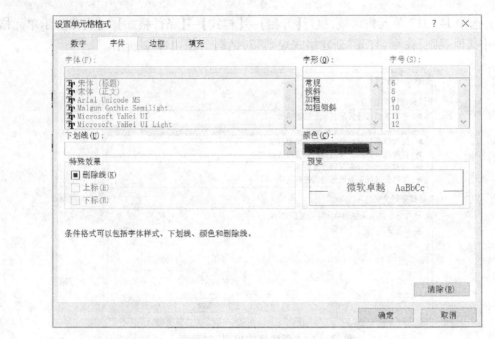

图 11.14 "设置单元格格式"对话框

(9) 依次单击"确定""确定"按钮,返回工作表中,即可查看到设置条件格式后的效果,如图 11.15 所示。

日期	产品名称	生产批号	产量	抽样数	成品不良数	加工不良数	良品数	不良数	不良率
								7月 第 1 周	
2013/7/1	涤纶高弹丝	T-S	2000	200	4	5	191	9	4.71%
2013/7/1	涤纶POY	T-P	1500	150	3	4	143	7	4.90%
2013/7/2	T/R弹力布	T/R-T1	1800	180	2	3	175	5	2.86%
2013/7/2	T/R仿麂皮	T/R-S1	1700	170	2	5	163	7	4.29%
2013/7/3	锦纶-6DTY	N-6	1000	100	2	2	96	4	4.17%
2013/7/3	有梭涤棉布	TC-1	1000	100	3	1	96	4	4.17%
2013/7/3	经编丝光绸	WARP-S	1000	100	2	3	95	5	5.26%
2013/7/4	经编条绒	WARP-NT	1600	160	1	5	154	6	3.90%
2013/7/4	经编金光绒	WARP-NJ	1500	150	2	3	145	5	3.45%
2013/7/4	PVC植绒	FLO-PVC	1000	100	2	1	97	3	3.09%
2013/7/5	牛仔皮植绒	FLO-J	1000	100	1	2	97	3	3.09%
2013/7/5	素色天鹅绒	V-S	1600	160	1	3	156	4	2.56%
2013/7/6	竹节纱布	Z-S	1500	150	1	1	148	2	1.35%
2013/7/6	色经白纬布	S-BW	1000	100	1	1	98	2	2.04%

产品质量检验表

部门: 面料检验科

批示: 袁飞　审核人: 吴林　填表人: 傅小倾

图 11.15 设置条件格式后的表格

任务4 分类汇总表格数据

下面使用 Excel 2010 提供的分类汇总功能对表格中的成品不良数、加工不良数、良品数和不良数进行分类汇总。具体操作步骤如下：

（1）选择 A3：J17 单元格区域，执行【数据】→【分级显示】→【分类汇总】命令，打开"分类汇总"对话框，在"分类字段"下拉列表中选择"日期"选项，在"汇总方式"下拉列表中选择"求和"选项。

（2）在"选定汇总项"列表框中选中"成品不良数""加工不良数""良品数""不良数"和"不良率"复选框，如图 11.16 所示，单击"确定"按钮。

（3）返回工作表中，即可查看到按设置的汇总条件进行汇总后的效果。效果图如图 11.17 所示。

图 11.16 设置分类汇总项

产品质量检验表

部门：面料检验科　　　　　　　　　　7月 第 1 周

日期	产品名称	生产批号	产量	抽样数	成品不良数	加工不良数	良品数	不良数	不良率
2013/7/1	涤纶高弹丝	T-S	2000	200	4	5	191	9	4.71%
2013/7/1	涤纶POY	T-P	1500	150	3	4	143	7	4.90%
2013/7/1 汇总					7	9		16	
2013/7/2	T/R弹力布	T/R-T1	1800	180	2	3	175	5	2.86%
2013/7/2	T/R仿鹿皮	T/R-S1	1700	170	2	5	163	7	4.29%
2013/7/2 汇总					4	8		12	
2013/7/3	锦纶-6DTY	N-6	1000	100	2	2	96	4	4.17%
2013/7/3	有梭涤棉布	TC-1	1000	100	3	1	96	4	4.17%
2013/7/3	经编丝光绸	WARP-S	1000	100	2	3	95	5	5.26%
2013/7/3 汇总					7	6		13	
2013/7/4	经编条绒	WARP-NT	1600	160	1	5	154	6	3.90%
2013/7/4	经编金光绒	WARP-NJ	1500	150	3	2	145	5	3.45%
2013/7/4	PVC植绒	FLO-PVC	1000	100	1	2	97	3	3.09%
2013/7/4 汇总					5	9		14	
2013/7/5	牛仔皮植绒	FLO-J	1000	100	1	2	97	3	3.09%
2013/7/5	素色天鹅绒	V-S	1600	160	3	1	156	4	2.56%
2013/7/5 汇总									
2013/7/6	竹节纱布	Z-S	1500	150	1	1	148	2	1.35%
2013/7/6	色经白纬布	S-BW	1000	100	1	1	98	2	2.04%
2013/7/6 汇总					2	2		4	
总计					27	39		66	
				批示：袁飞		审核人：吴林		填表人：傅小倾	

图 11.17 汇总效果

（4）设置底纹突出显示汇总数据。

选中 A6：J6、A9：J9、A13：J13、A17：J17、A20：J20、A23：J23 单元格区域，执行【开始】→【字体】→【填充颜色】命令，选择"浅绿色"。

将汇总行的底纹颜色设置为"浅绿色",在工作表中即可查看到设置底纹后的效果,如图 11.1 所示。

 技能加油站

单击表格左上角的数字 1 2 3,可以分级查看分类汇总数据。并且"分类汇总"的"分类字段"并不唯一,用户可以根据需要选择分类字段。

拓展项目

制作办公用品采购表,并按"类别"进行分类汇总,汇总结果如图 11.18 所示。

序号	类 别	名 称	品 牌	规 格	单 价	单 位	订购数量	总 计
15	办公日用品	垃圾袋	青自然	45*45	¥4.5	包	5	¥22.5
20	公日用品	纸杯	妙洁	225ml	¥6.8	袋	34	¥231.2
	办公日用品 汇总							¥253.7
3	办公文具	订书机	益而高	2.8寸	¥18.0	个	5	¥90.0
5	办公文具	回形针	益而高	28mm	¥2.0	盒	5	¥10.0
9	办公文具	裁纸刀	日钢	3.5寸	¥3.0	把	3	¥9.0
11	办公文具	黑色长尾夹	益而高	41mm	¥5.5	盒	15	¥82.5
12	办公文具	黑色长尾夹	益而高	25mm	¥2.5	盒	15	¥37.5
23	办公文具	透明胶	明德	18mmx15y	¥4.8	卷	7	¥33.6
26	办公文具	笔筒	得力	15mm	¥3.5	个	8	¥28.0
	办公文具 汇总							¥290.6
10	财会用品	费用报销单	运城	32*18	¥16.0	本	6	¥96.0
24	财会用品	印台	旗牌	250g	¥16.5	个	2	¥33.0
16	合用品	计算器	信诺	500g	¥16.0	台	3	¥48.0
	财会用品 汇总							¥177.0
1	书写用品	中性笔(红)	晨光	0.5mm	¥1.5	支	50	¥75.0
2	书写用品	中性笔(黑)	晨光	0.5mm	¥1.5	支	50	¥75.0
6	书写用品	中性笔芯(黑)	晨光	0.5mm	¥0.5	支	100	¥50.0
19	书写用品	圆珠笔	晨光	0.7mm	¥0.8	支	80	¥64.0
21	书写用品	自动铅笔	晨光	0.5mm	¥1.2	支	6	¥7.2
25	书写用品	荧光笔	东洋	5mm	¥1.8	支	16	¥28.8
	书写用品 汇总							¥300.0
4	文件管理	文件整理夹	高讯	A4 2寸	¥8.5	个	8	¥68.0
7	文件管理	拉杆文件夹	高讯	A4	¥6.5	个	4	¥26.0
8	文件管理	资料册(100页)	高讯	100页	¥8.5	本	20	¥170.0
13	文件管理	档案袋	益而高	180g	¥1.5	个	45	¥67.5
14	文件管理	档案盒	益而高	A4 55mm	¥7.5	个	10	¥75.0
17	文件管理	资料册	高讯	30页	¥6.4	本	12	¥76.8
18	文件管理	资料册	高讯	60页	¥7.9	本	10	¥79.0
22	文件管理	名片册	高讯	320页	¥5.5	本	4	¥22.0
	文件管理 汇总							¥584.3
	总计							¥1,605.6

图 11.18 办公用品采购表

一、创建办公用品采购表

下面通过输入文本、设置格式和添加边框等操作来创建"办公用品采购表",并输入公式计算相应的数据。具体操作步骤如下:

1. 新建"办公用品采购表"工作簿,合并 A1:I1 单元格,输入表格标题"办公用品采购表"。

2. 在表格中录入文本内容,如图 11.19 所示。

(1)设置标题字体为"宋体""26 磅""居中对齐"。

（2）设置其余字体为"宋体""11 磅""居中对齐"。

图 11.19　录入文本并设置格式后的表格

3．计算总计值。

（1）在 I3 单元格中输入公式"＝F3＊H3"，按【Enter】键计算出结果。

（2）复制 I3 单元格中的公式，计算出 I4：I28 单元格区域中的数据。

4．选择 F3：F28 和 I3：I28 单元格区域，通过"设置单元格格式"对话框，将其数字格式设置为带 1 位小数的货币格式。

5．选择 A1：I28 单元格区域，为其添加"所有框线"边框样式。制作完成后的效果如图 11.20所示。

图 11.20　计算总计值并添加所有框线后的表格

二、表格的排序

表格中数据的排列并没有规律,为了便于查看,下面对表格中的数据按类别进行排序。
具体操作步骤如下:

1. 选择 A2：I28 单元格区域,执行【数据】→【排序和筛选】→【排序】命令,打开"排序"
对话框。

2. 在"主要关键字"下拉列表中选择"类别"选项,在"次序"下拉列表中选择"升序"选
项,单击"确定"按钮,如图 11.21 所示。

图 11.21 "排序"对话框

返回工作表中,即可查看到用品按类别进行升序排列的效果。

三、按类别汇总总计金额

下面将按类别对总计金额进行汇总统计。具体操作步骤如下:

1. 选择 A2：I28 单元格区域,执行【数据】→【分级显示】→【分类汇总】命令,打开"分类
汇总"对话框。

2. 在"分类字段"下拉列表中选择"类别"选项,在"汇总方式"下拉列表中选择"求和"
选项,在"选定汇总项"列表框中选中"总计"复选框,如图 11.22 所示。

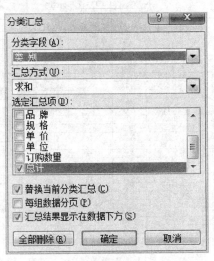

图 11.22 "分类汇总"对话框

3. 单击"确定"按钮,返回工作表中,即可查看到按类别分类字段进行总计汇总的效果,如图 11.23 所示。

办公用品采购表

序号	类别	名称	品牌	规格	单价	单位	订购数量	总计
15	办公日用品	垃圾袋	青自然	45*45	¥4.5	包	5	¥22.50
20	办公日用品	纸杯	妙洁	225ml	¥6.8	袋	34	¥231.20
	办公日用品 汇总							¥253.70
3	办公文具	订书机	益而高	2.8寸	¥18.0	个	5	¥90.00
5	办公文具	回形针	益而高	28mm	¥2.0	盒	5	¥10.00
9	办公文具	裁纸刀	日钢	3.5寸	¥3.0	把	3	¥9.00
11	办公文具	黑色长尾夹	益而高	41mm	¥5.5	盒	15	¥82.50
12	办公文具	黑色长尾夹	益而高	25mm	¥2.5	盒	15	¥37.50
23	办公文具	透明胶	明德	18mmx15y	¥4.8	卷	7	¥33.60
26	办公文具	笔筒	得力	15mm	¥3.5	个	8	¥28.00
	办公文具 汇总							¥290.60
10	财会用品	费用报销单	运城	32*18	¥16.0	本	6	¥96.00
24	财会用品	印台	旗牌	250g	¥16.5	个	2	¥33.00
16	财会用品	计算器	信诺	500g	¥16.0	台	3	¥48.00
	财会用品 汇总							¥177.00
1	书写用品	中性笔（红）	晨光	0.5mm	¥1.5	支	50	¥75.00
2	书写用品	中性笔（黑）	晨光	0.5mm	¥1.5	支	50	¥75.00
6	书写用品	中性笔芯（黑）	晨光	0.5mm	¥0.5	支	100	¥50.00
19	书写用品	圆珠笔	晨光	0.7mm	¥0.8	支	80	¥64.00
21	书写用品	自动铅笔	晨光	0.5mm	¥1.2	支	6	¥7.20
25	书写用品	荧光笔	东洋	5mm	¥1.8	支	16	¥28.80
	书写用品 汇总							¥300.00
4	文件管理	文件整理夹	高讯	A4 2寸	¥8.5	个	8	¥68.00
7	文件管理	拉杆文件夹	高讯	A4	¥6.5	个	4	¥26.00
8	文件管理	资料册(100页)	高讯	100页	¥8.5	本	20	¥170.00
13	文件管理	档案袋	益而高	180g	¥1.5	个	45	¥67.50
14	文件管理	档案盒	益而高	A4 55mm	¥7.5	个	10	¥75.00
17	文件管理	资料册	高讯	30页	¥6.4	本	12	¥76.80
18	文件管理	资料册	高讯	60页	¥7.9	本	10	¥79.00
22	文件管理	名片册	高讯	320页	¥5.5	本	4	¥22.00
	文件管理 汇总							¥584.30
	总计							¥1,605.60

图 11.23　分类汇总后的表格

4. 选择 A2:I2 单元格区域,执行【开始】→【字体】→【填充颜色】命令,选择"橙色,强调文字颜色6,深色25%"。用同样的方法设置 A5:I5、A13:I13、A17:I17、A24:I24、A33:I33 和 A34:I34 单元格区域的底纹为"橙色,强调文字颜色6,深色25%"。

 课后练习

1. 制作"产品销量统计表"并按以下要求完成分类汇总,制作完成后的效果如图 11.24 所示。

编号	产品名称	销售地区	1月	2月	3月	总销售额
				2016年第一季度销量统计表		
1	洗衣机	河南	¥576,100.00	¥697,450.00	¥641,298.00	¥3,666,292.00
2	冰箱	上海	¥718,500.00	¥538,700.00	¥580,002.00	¥3,211,519.00
3	电视机	河南	¥724,453.00	¥613,710.00	¥867,000.00	¥4,412,600.00
4	空调	上海	¥563,710.00	¥735,100.00	¥786,900.00	¥4,649,442.00
5	电饭煲	江苏	¥694,092.00	¥511,070.00	¥552,450.00	¥2,997,269.00
6	空调	新疆	¥532,000.00	¥631,700.00	¥697,450.00	¥4,215,161.00
7	电风扇	新疆	¥641,298.00	¥732,730.00	¥810,900.00	¥2,871,648.00
8	冰箱	河南	¥532,789.00	¥526,740.00	¥685,000.00	¥3,548,370.00
9	微波炉	江苏	¥784,000.00	¥641,370.00	¥532,789.00	¥3,572,129.00
10	电饭煲	上海	¥699,010.00	¥601,400.00	¥429,138.00	¥3,323,670.00
11	电视机	新疆	¥610,500.00	¥710,700.00	¥679,000.00	¥4,057,613.00
12	微波炉	河南	¥520,000.00	¥597,000.00	¥590,100.00	¥3,859,410.00
13	洗衣机	江苏	¥538,700.00	¥867,000.00	¥796,500.00	¥4,755,300.00
14	饮水机	江苏	¥743,000.00	¥569,500.00	¥511,070.00	¥4,289,220.00
15	电风扇	上海	¥798,420.00	¥471,049.00	¥654,500.00	¥3,186,150.00
16	微波炉	新疆	¥552,450.00	¥628,040.00	¥651,000.00	¥4,497,260.00
17	冰箱	江苏	¥764,000.00	¥538,900.00	¥532,000.00	¥3,404,320.00
18	电饭煲	新疆	¥590,100.00	¥465,200.00	¥823,700.00	¥3,412,802.00
19	空调	河南	¥534,260.00	¥764,200.00	¥583,010.00	¥4,647,200.00
20	饮水机	上海	¥782,607.00	¥598,360.00	¥478,000.00	¥4,172,507.00
21	电视机	江苏	¥610,400.00	¥685,000.00	¥705,300.00	¥4,401,600.00
22	洗衣机	上海	¥417,500.00	¥736,400.00	¥503,708.00	¥4,269,080.00
23	电风扇	河南	¥621,400.00	¥710,000.00	¥641,370.00	¥2,818,900.00
24	饮水机	江苏	¥601,400.00	¥583,010.00	¥621,400.00	¥3,650,910.00
25	电视机	上海	¥674,000.00	¥654,520.00	¥760,150.00	¥4,240,700.00

编号	产品名称	销售地区	1月	2月	3月	总销售额
				2016年第一季度销量统计表		
1	洗衣机	河南	¥576,100.00	¥697,450.00	¥641,298.00	¥3,666,292.00
3	电视机	河南	¥724,453.00	¥613,710.00	¥867,000.00	¥4,412,600.00
8	冰箱	河南	¥532,789.00	¥526,740.00	¥685,000.00	¥3,548,370.00
12	微波炉	河南	¥520,000.00	¥597,000.00	¥590,100.00	¥3,859,410.00
19	空调	河南	¥534,260.00	¥764,200.00	¥583,010.00	¥4,647,200.00
23	电风扇	河南	¥621,400.00	¥710,000.00	¥641,370.00	¥2,818,900.00
		河南 汇总	¥3,509,002.00	¥3,909,100.00	¥4,007,778.00	¥22,952,772.00
5	电饭煲	江苏	¥694,092.00	¥511,070.00	¥552,450.00	¥2,997,269.00
9	微波炉	江苏	¥784,000.00	¥641,370.00	¥532,789.00	¥3,572,129.00
13	洗衣机	江苏	¥538,700.00	¥867,000.00	¥796,500.00	¥4,755,300.00
14	饮水机	江苏	¥743,000.00	¥569,500.00	¥511,070.00	¥4,289,220.00
17	冰箱	江苏	¥764,000.00	¥538,900.00	¥532,000.00	¥3,404,320.00
21	电视机	江苏	¥610,400.00	¥685,000.00	¥705,300.00	¥4,401,600.00
24	饮水机	江苏	¥601,400.00	¥583,010.00	¥621,400.00	¥3,650,910.00
		江苏 汇总	¥4,735,592.00	¥4,395,850.00	¥4,251,509.00	¥27,070,748.00
2	冰箱	上海	¥718,500.00	¥538,700.00	¥580,002.00	¥3,211,519.00
4	空调	上海	¥563,710.00	¥735,100.00	¥786,900.00	¥4,649,442.00
10	电饭煲	上海	¥699,010.00	¥601,400.00	¥429,138.00	¥3,323,670.00
15	电风扇	上海	¥798,420.00	¥471,049.00	¥654,500.00	¥3,186,150.00
20	饮水机	上海	¥782,607.00	¥598,360.00	¥478,000.00	¥4,172,507.00
22	洗衣机	上海	¥417,500.00	¥736,400.00	¥503,708.00	¥4,269,080.00
25	电视机	上海	¥674,000.00	¥654,520.00	¥760,150.00	¥4,240,700.00
		上海 汇总	¥4,653,747.00	¥4,335,529.00	¥4,192,398.00	¥27,053,068.00
6	空调	新疆	¥532,000.00	¥631,700.00	¥697,450.00	¥4,215,161.00
7	电风扇	新疆	¥641,298.00	¥732,730.00	¥810,900.00	¥2,871,648.00
11	电视机	新疆	¥610,500.00	¥710,700.00	¥679,000.00	¥4,057,613.00
16	微波炉	新疆	¥552,450.00	¥628,040.00	¥651,000.00	¥4,497,260.00
18	电饭煲	新疆	¥590,100.00	¥465,200.00	¥823,700.00	¥3,412,802.00
		新疆 汇总	¥2,926,348.00	¥3,168,370.00	¥3,662,050.00	¥19,054,484.00
		总计	¥15,824,689.00	¥15,808,849.00	¥16,113,735.00	¥96,131,072.00

图 11.24 产品销量统计表

要求如下：

（1）关键字为"销售地区"。

（2）汇总方式为求和。

（3）汇总项为1月、2月、3月和总销售额。

2. 制作销售人员业绩统计表，并对每一组的总销售额进行汇总分析，效果如图11.25所示。

销售人员业绩统计表

员工编号	员工姓名	所属小组	第一季度	第二季度	第三季度	第四季度	总销售额	业绩排名
AS01	李成	第1组	¥99,500.00	¥76,000.00	¥87,000.00	¥304,150.00	¥59,500.00	24
AS02	许辉	第2组	¥72,500.00	¥85,000.00	¥73,000.00	¥326,100.00	¥76,000.00	20
AS03	李肖军	第4组	¥74,500.00	¥92,000.00	¥58,000.00	¥294,500.00	¥82,500.00	18
AS04	程晓丽	第1组	¥93,500.00	¥95,500.00	¥96,500.00	¥342,500.00	¥68,000.00	23
AS05	卢肖燕	第2组	¥60,500.00	¥99,500.00	¥98,000.00	¥279,000.00	¥81,000.00	19
AS06	马晓燕	第4组	¥71,500.00	¥73,000.00	¥89,500.00	¥353,000.00	¥75,000.00	21
AS07	黄艳霞	第2组	¥92,500.00	¥81,000.00	¥81,000.00	¥354,500.00	¥71,500.00	22
AS08	卢肖	第2组	¥71,000.00	¥61,000.00	¥96,500.00	¥345,500.00	¥97,500.00	17
AS09	李晓丽	第4组	¥75,500.00	¥61,000.00	¥58,000.00	¥326,500.00	¥294,500.00	11
AS10	刘大为	第3组	¥78,000.00	¥86,000.00	¥100,500.00	¥338,500.00	¥342,500.00	4
AS11	范俊逸	第3组	¥97,500.00	¥88,000.00	¥60,500.00	¥73,000.00	¥279,000.00	16
AS12	李诗诗	第1组	¥55,500.00	¥342,500.00	¥63,000.00	¥81,000.00	¥353,000.00	2
AS13	黄海生	第4组	¥71,000.00	¥279,000.00	¥92,500.00	¥61,000.00	¥354,500.00	1
AS14	李丽霞	第1组	¥59,500.00	¥353,000.00	¥99,500.00	¥73,000.00	¥345,500.00	3
AS15	李国明	第3组	¥76,000.00	¥354,500.00	¥73,000.00	¥81,000.00	¥326,500.00	7
AS16	潘艺	第2组	¥82,500.00	¥345,500.00	¥81,000.00	¥61,000.00	¥338,000.00	5
AS17	任建胜	第3组	¥68,000.00	¥326,500.00	¥61,000.00	¥61,000.00	¥284,500.00	14
AS18	王守信	第4组	¥81,000.00	¥338,000.00	¥61,000.00	¥86,000.00	¥298,000.00	10
AS19	李国明	第1组	¥75,000.00	¥284,500.00	¥86,000.00	¥88,000.00	¥292,500.00	12
AS20	潘艺	第2组	¥71,500.00	¥298,000.00	¥88,000.00	¥342,500.00	¥282,000.00	15
AS21	刘丽	第4组	¥97,500.00	¥292,500.00	¥72,000.00	¥279,000.00	¥338,000.00	5
AS22	刘志刚	第3组	¥86,500.00	¥282,000.00	¥67,500.00	¥353,000.00	¥290,000.00	13
AS23	赵鹏	第3组	¥75,500.00	¥338,000.00	¥87,000.00	¥354,500.00	¥319,500.00	9
AS24	杨丹	第3组	¥69,000.00	¥89,500.00	¥92,500.00	¥345,000.00	¥324,000.00	8

销售人员业绩统计表

员工编号	员工姓名	所属小组	第一季度	第二季度	第三季度	第四季度	总销售额	业绩排名
AS01	李成	第1组	¥99,500.00	¥76,000.00	¥87,000.00	¥304,150.00	¥59,500.00	24
AS04	程晓丽	第1组	¥93,500.00	¥95,500.00	¥96,500.00	¥342,500.00	¥68,000.00	23
AS12	李诗诗	第1组	¥55,500.00	¥342,500.00	¥63,000.00	¥81,000.00	¥353,000.00	2
AS14	李丽霞	第1组	¥59,500.00	¥353,000.00	¥99,500.00	¥73,000.00	¥345,500.00	3
AS19	李国明	第1组	¥75,000.00	¥284,500.00	¥86,000.00	¥88,000.00	¥292,500.00	12
AS22	刘志刚	第1组	¥86,500.00	¥282,000.00	¥67,500.00	¥353,000.00	¥290,000.00	13
		第1组 汇总	¥469,500.00	¥1,435,500.00	¥499,500.00	¥1,241,650.00		
AS02	许辉	第2组	¥72,500.00	¥85,000.00	¥73,000.00	¥326,100.00	¥76,000.00	20
AS05	卢肖燕	第2组	¥60,500.00	¥99,500.00	¥98,000.00	¥279,000.00	¥81,000.00	19
AS07	黄艳霞	第2组	¥92,500.00	¥81,000.00	¥81,000.00	¥354,500.00	¥71,500.00	22
AS08	卢肖	第2组	¥71,000.00	¥61,000.00	¥96,500.00	¥345,500.00	¥97,500.00	17
AS16	潘艺	第2组	¥82,500.00	¥345,500.00	¥81,000.00	¥61,000.00	¥338,000.00	5
AS20	潘艺	第2组	¥71,500.00	¥298,000.00	¥88,000.00	¥342,500.00	¥282,000.00	15
		第2组 汇总	¥450,500.00	¥970,000.00	¥517,500.00	¥1,708,600.00		
AS10	刘大为	第3组	¥78,000.00	¥86,000.00	¥100,500.00	¥338,000.00	¥342,500.00	4
AS11	范俊逸	第3组	¥97,500.00	¥88,000.00	¥60,500.00	¥73,000.00	¥279,000.00	16
AS15	李国明	第3组	¥76,000.00	¥354,500.00	¥73,000.00	¥81,000.00	¥326,500.00	7
AS17	任建胜	第3组	¥68,000.00	¥326,500.00	¥61,000.00	¥61,000.00	¥284,500.00	14
AS23	赵鹏	第3组	¥75,500.00	¥338,000.00	¥87,000.00	¥354,500.00	¥319,500.00	9
AS24	杨丹	第3组	¥69,000.00	¥89,500.00	¥92,500.00	¥345,000.00	¥324,000.00	8
		第3组 汇总	¥464,000.00	¥1,282,500.00	¥474,500.00	¥1,253,000.00		
AS03	李肖军	第4组	¥74,500.00	¥92,000.00	¥58,000.00	¥294,500.00	¥82,500.00	18
AS06	马晓燕	第4组	¥71,500.00	¥73,000.00	¥89,500.00	¥353,000.00	¥75,000.00	21
AS09	李晓丽	第4组	¥75,500.00	¥61,000.00	¥58,000.00	¥326,500.00	¥294,500.00	11
AS13	黄海生	第4组	¥71,000.00	¥279,000.00	¥92,500.00	¥61,000.00	¥354,500.00	1
AS18	王守信	第4组	¥81,000.00	¥338,000.00	¥61,000.00	¥86,000.00	¥298,000.00	10
AS21	刘丽	第4组	¥97,500.00	¥292,500.00	¥72,000.00	¥279,000.00	¥338,000.00	5
		第4组 汇总	¥471,000.00	¥1,135,500.00	¥431,000.00	¥1,400,000.00		
		总计	¥1,855,000.00	¥4,821,500.00	¥1,922,500.00	¥5,603,250.00		

图 11.25　销售人员业绩统计表

项目小结

本项目通过制作"产品质量检测表""办公用品采购表""产品销量统计表"和"销售人员业绩统计表"等表格制作，以及对表格中数据进行汇总分析，使读者学会数据的排序、数据分类汇总方法，以及单元格格式设置、利用条件格式来突出显示单元格数据等操作技术。读者在学会项目案例制作的同时，能够活学活用到实际工作生活中。

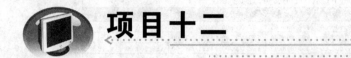

项目十二

产品生产统计表的制作

项目简介

公司在生产产品的过程中,为了更好地掌握消费者对各类产品的需求,通常需要对生产的产品数量进行统计和分析,使得管理者做出正确的应对措施和方案。本案例将制作一个如图 12.1 所示的"产品生产统计表",并采用柱形图对各车间产量进行分析,能直观地反应出每一个生产车间在某一年中的生产总量。

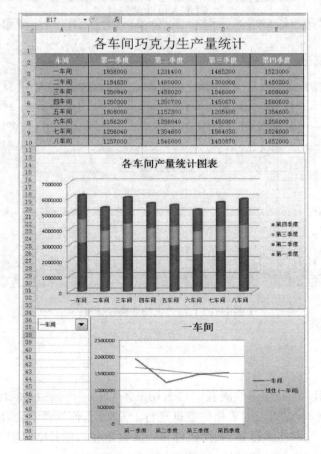

图 12.1　产品生产统计表

知识点导入

1．认识图表：如图 12.2 所示,任何一个图表都包含以下几个元素。

（1）图表区：图表区是放置图表及其他元素的大背景。

（2）绘图区：绘图区是放置图表主体的背景。

（3）图例：图表中每个不同数据的标识。

（4）数据系列：就是源数据表中行或者列的数据。

其他还包括横坐标轴、纵坐标轴、图表标题等。

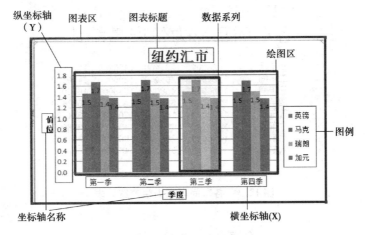

图 12.2　认识图表

2．图表的插入：单击【插入】→【图表】命令,选择相应的图表类型。

3．编辑图表。

（1）调整位置和大小：将鼠标移动到该图形上变成 ✛ 时,拖动图形可改变图形的位置;将鼠标移动到图片的四个角,变成 ↖ 时,按住鼠标左键不放拖动,可以改变图片的大小。

（2）修改图表数据：如果选错了数据源区域,可在图表中任意位置单击鼠标右键,在弹出的快捷菜单中选择"选择数据"命令,更改数据源选择范围。或者执行【图表工具/设计】→【数据】→【选择数据】命令。

（3）更改图表类型：在图表中任意位置单击鼠标右键,在弹出的快捷菜单中选择"更改图表类型"命令。

4．美化图表。

（1）添加、修改图表标题：执行【图表工具/布局】→【标签】→【图表标题】命令。

（2）添加数据标签：执行【图表工具/布局】→【标签】→【数据标签】命令。

解决方案

任务1　录入产品生产信息

1. 启动 Excel 2010，新建空白文档。
2. 将新建的文档保存在桌面上，文件名为"各车间巧克力生产量统计"。
3. 按照图 12.3 在工作簿中输入表格数据，并对其格式进行设置。

	A	B	C	D	E
	各车间巧克力生产量统计				
1					
2					
3	一车间	1938000	1231400	1465200	1523000
4	二车间	1154630	1460000	1300000	1450300
5	三车间	1350940	1458020	1546000	1658000
6	四车间	1250300	1350700	1450670	1580600
7	五车间	1808000	1152300	1205400	1354600
8	六车间	1156200	1256040	1450800	1356000
9	七车间	1256040	1354600	1564030	1524000
10	八车间	1257000	1546000	1450870	1652000
11					

图 12.3　各车间巧克力生产统计表

任务2　美化表格

1. 设置标题为"宋体""24 磅"，所有文字居中对齐。
2. 设置表格所有列列宽为"15"、行高为"21"。
3. 给第 2 行添加"紫色，强调文字颜色 4，淡色 40%"的底纹；给 A3：E10 单元格区域添加"橄榄色，强调文字 3，淡色 40%"的底纹。
4. 给 A3：E10 单元格区域添加"所有框线"，制作完成后的效果如图 12.4 所示。

	A	B	C	D	E
1	各车间巧克力生产量统计				
2	车间	第一季度	第二季度	第三季度	第四季度
3	一车间	1938000	1231400	1465200	1523000
4	二车间	1154630	1460000	1300000	1450300
5	三车间	1350940	1458020	1546000	1658000
6	四车间	1250300	1350700	1450670	1580600
7	五车间	1808000	1152300	1205400	1354600
8	六车间	1156200	1256040	1450800	1356000
9	七车间	1256040	1354600	1564030	1524000
10	八车间	1257000	1546000	1450870	1652000

图 12.4　美化后的表格

任务3　创建圆柱图表

1. 选择 A2：E10 单元格区域，执行【插入】→【图表】→【柱形图】命令，在下拉列表中选择"圆柱图"中的"堆积圆柱图"选项。

2. 选择插入的图表，将鼠标移动到该图形上变成 ![icon] 时，拖动图形至表格下方，并对其图表的大小进行调整。

3. 选择图表，执行【图表工具/布局】→【标签】→【图表标题】命令，在弹出的下拉列表中选择"图表上方"，添加一个图表上方的标题文本框，并更改标题文字为"各车间产量统计图表"，如图 12.5 所示。

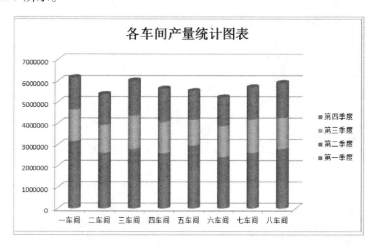

图 12.5　堆积圆柱图

4. 选择图表，执行【图表工具/格式】→【形状样式】命令，选择"细微效果 – 橄榄色，强调颜色 3"样式，如图 12.6 所示。

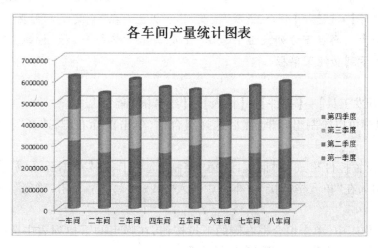

图 12.6　设置形状样式后的图表

任务4 创建动态图表

利用动态图表可以分别对各车间生产的产品产量进行分析。具体操作步骤如下：

1. 选择【文件】→【选项】命令，打开"Excel 选项"对话框，在左侧选择"自定义功能区"选项。

2. 在右侧的"自定义功能区"下拉列表中选择"主选项卡"选项，在下方的列表框中选中"开发工具"复选框，单击"添加"按钮，单击"确定"按钮，如图12.7所示。

图 12.7 "Excel 选项"对话框

 技能加油站

执行【文件】→【选项】命令，选择"自定义功能区"，在"自定义功能区"下拉列表中选择"主选项卡"，再在下方列表框中选择"开发工具"，单击"添加"按钮，可以添加"开发工具"选项卡到功能菜单栏。

3. 执行【开发工具】→【控件】→【插入】→【组合框】命令。

4. 拖动鼠标可以绘制组合框，然后选择组合框，单击鼠标右键，选择"设置控件格式"命令。

5. 打开"设置控件格式"对话框，选择"控制"选项卡，在"数据源区域"文本框中输入"$A$3：$E$10"，在"单元格链接"文本框中输入"$A$35"，然后单击"确定"按钮，如图12.8所示。

6. 返回工作表中，单击组合框右侧的下拉按钮，在弹出的下拉列表中选择某项后，A35单元格中将显示对应的数字，如图12.9所示。

7. 单击"确定"按钮，回到工作表中，单击组合框右侧的下拉按钮，在弹出的下拉列表中选择某项后，A35单元格中将显示对应的数字。

图 12.8　"设置控件格式"对话框　　　　　图 12.9　设置控件格式后的效果

技能加油站

　　组合框是一个 Excel 表格中的下拉列表框,用户可以在获得的列表中选择项目,选择的项目将出现在上方的文本框中。执行【开发工具】→【控件】→【插入】→【组合框】命令,然后拖动鼠标可以绘制组合框。

8. 新建名称。

（1）执行【公式】→【定义的名称】→【定义名称】命令,在下拉列表中选择"定义名称"命令,打开"新建名称"对话框,在"名称"后的文本框中输入"车间生产量",在"引用位置"中输入"=OFFSET(Sheet1!$B$2:$E$2,Sheet1!$A$35,)",单击"确定"按钮,如图 12.10(a) 所示。

（2）再次打开"新建名称"对话框,在"名称"后的文本框中输入"季度",在"引用位置"中输入"=OFFSET(Sheet1!$A$2,Sheet1!$A$35,)"。单击"确定"按钮,如图 12.10(b) 所示。

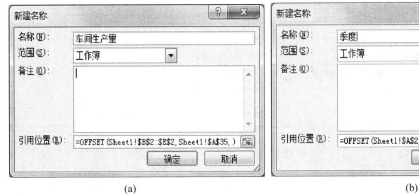

(a)　　　　　　　　　　　　　　　　　　　(b)

图 12.10　"新建名称"对话框

技能加油站

OFFSET 函数：以指定的单元格或相连单元格区域的引用为参照系，通过给定偏移量得到新的引用。格式如下：

＝OFFSET（参照单元格，行偏移量，列偏移量，返回几行，返回几列）

9．创建折线图。

（1）选择任意一个空白单元格，执行【插入】→【图表】→【折线图】命令，在下拉列表中选择"折线图"，在工作表中插入一张空白的图表。

（2）选择图表，执行【图表工具/设计】→【数据】→【选择数据】命令，打开"选择数据源"对话框，单击"添加"按钮。

（3）打开"编辑数据系列"对话框，在"系列名称"下的文本框中输入"＝Sheet1！季度"，在"系列值"下的文本框中输入"＝Sheet1！车间生产量"，如图 12.11 所示。

（4）单击"确定"按钮，返回"选择数据源"对话框，在"水平（分类）轴标签"列表框中单击"编辑"按钮，打开"轴标签"对话框，在"轴标签区域"下的文本框中输入"＝Sheet1！$B$2：$E$2"，然后单击"确定"按钮，如图 12.12 所示。

图 12.11 "编辑数据系列"对话框　　　　图 12.12 "轴标签"对话框

（5）返回"选择数据源"对话框，在"图表数据区域"文本框中显示了数据源范围，在"水平（分类）轴标签"列表框中显示了水平轴，单击"确定"按钮，如图 12.13 所示。

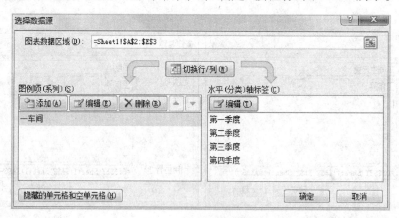

图 12.13 "选择数据源"对话框

技能加油站

　　快速添加数据系列：选择图表后，在表格中将会用有颜色的线条将图表引用区域框起来。将鼠标指针移动到线框四角上，当鼠标指针变成双向箭头时，拖动鼠标将要添加的数据系列所对应的数据框起来，将所框区域添加到图表中。

　　（6）返回工作表中，在组合框下拉列表中选择"五车间"选项，图表中的数据也会随之变成五车间的产品生产量。将图表移到合适位置。

　　（7）选择动态图表，在"形状样式"列表框中为其应用"细微效果 – 紫色，强调颜色 4"选项。

　　（8）选择 A35 单元格，执行【开始】→【单元格】→【格式】命令，在弹出的下拉列表中选择"隐藏和取消隐藏"→"隐藏行"选项，即可将选择的单元格所在的行隐藏起来。最终效果如图 12.14 所示。

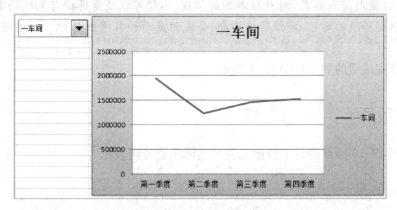

图 12.14　折线图效果

任务5　为动态图表添加趋势线

　　添加趋势线可以显示出数据系列的变化趋势，以便用户分析和预测。下面将为动态图表添加线型趋势线，以分析产品产量的增减趋势。

　　1. 选择动态图表，执行【图表工具/布局】→【分析】→【趋势线】→【线性趋势线】命令。返回工作表中，即可查看到为动态图表添加的趋势线。

　　2. 执行【图表工具/格式】→【形状样式】命令，单击"形状轮廓"按钮，在弹出的下拉列表中选择"红色"选项。返回工作表中，即可查看到设置区域线轮廓颜色后的效果，如图12.15 所示。

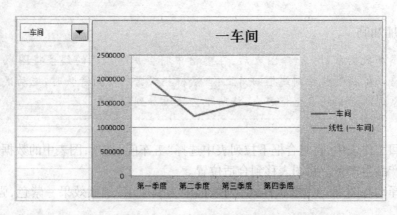

图 12.15　添加趋势线后的效果

技能加油站

通过"设置趋势线格式"对话框添加趋势线，不仅可以随意选择趋势线的类型，还可以对选择的趋势线的名称、前推后推周期、公式的显示和 R 平方值的显示进行设置。

最终制作完成后的效果如图 12.1 所示。

拓展项目

制作如图 12.16 所示的员工税前工资与实际工资分析表。

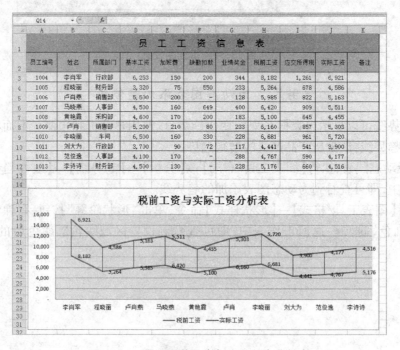

图 12.16　员工税前工资与实际工资分析表

一、创建员工工资信息表

下面通过输入文本、设置格式和添加边框等操作来创建"员工工资信息表",具体操作步骤如下:

1. 录入文本信息:新建"员工工资信息表"工作簿,按照如图12.17所示录入相应信息。
2. 适当调整单元格的宽度和高度。

员工编号	姓名	所属部门	基本工资	加班费	缺勤扣款	业绩奖金	税前工资	应交所得税	实际工资	备注
1004	李肖军	行政部	6,253	150	200	344	8,182	1,261	6,921	
1005	程晓丽	财务部	3,320	75	550	233	5,264	678	4,586	
1006	卢肖燕	销售部	5,500	200	-	128	5,985	822	5,163	
1007	马晓燕	人事部	4,500	160	649	400	6,420	909	5,511	
1008	黄艳霞	采购部	4,600	170	200	183	5,100	645	4,455	
1009	卢肖	销售部	5,200	210	80	233	6,160	857	5,303	
1010	李晓丽	车间	6,500	160	330	228	6,681	961	5,720	
1011	刘大为	行政部	3,700	90	72	117	4,441	541	3,900	
1012	范俊逸	人事部	4,100	170		288	4,767	590	4,177	
1013	李诗诗	财务部	4,500	130	-	228	5,176	660	4,516	

图12.17　员工工资信息表

二、美化员工工资信息表

1. 设置表格边框:选择A1:K12单元格区域,为其添加"粗匣框线"。然后选择A2:K12单元格区域,为其添加"所有框线"。

2. 设置底纹。

(1) 给标题区域(合并后的A1:K1单元格区域)设置"紫色,强调文字颜色4,淡色40%"的底纹。

(2) 给表头区域(A2:K2单元格区域)设置"R:255,G:153,B:204"的粉色底纹。

(3) 选择A3:K12单元格区域,为其设置"R:204,G:153,B:255"的浅蓝色底纹。设置好后的效果如图12.18所示。

员工编号	姓名	所属部门	基本工资	加班费	缺勤扣款	业绩奖金	税前工资	应交所得税	实际工资	备注
1004	李肖军	行政部	6,253	150	200	344	8,182	1,261	6,921	
1005	程晓丽	财务部	3,320	75	550	233	5,264	678	4,586	
1006	卢肖燕	销售部	5,500	200	-	128	5,985	822	5,163	
1007	马晓燕	人事部	4,500	160	649	400	6,420	909	5,511	
1008	黄艳霞	采购部	4,600	170	200	183	5,100	645	4,455	
1009	卢肖	销售部	5,200	210	80	233	6,160	857	5,303	
1010	李晓丽	车间	6,500	160	330	228	6,681	961	5,720	
1011	刘大为	行政部	3,700	90	72	117	4,441	541	3,900	
1012	范俊逸	人事部	4,100	170	-	288	4,767	590	4,177	
1013	李诗诗	财务部	4,500	130	-	228	5,176	660	4,516	

图12.18　美化后的表格

三、创建折线图表

1. 选择"姓名"列(B2:B12单元格区域)、"税前工资"列(H2:H12单元格区域)、"实际工资"列(J2:J12单元格区域)。

2．执行【插入】→【图表】→【折线图】→【堆积折线图】命令。

3．添加图表标题：单击插入的折线图，执行【图表工具/布局】→【标签】→【图表标题】→【图表上方】命令，然后回到折线图上，将图表标题改为"税前工资与实际工资分析表"。

4．调整图表大小，并将其移动到 A15：K32 单元格区域，制作好后的效果如图 12.19 所示。

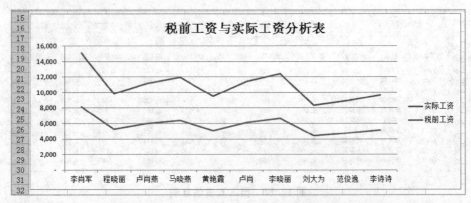

图 12.19　设置标题和位置后的折线图

5．应用图表样式：选择图表，执行【图表工具/设计】→【图表布局】→【布局9】命令。

6．设置图表区填充效果。

（1）选择图表，执行【图表工具/布局】→【背景】→【绘图区】→【其他绘图区选项】命令，打开"设置绘图区格式"对话框，如图 12.20 所示。

图 12.20　"设置绘图区格式"对话框

（2）在"设置绘图区格式"对话框中选择"纯色填充"单选按钮，在颜色中选择"蓝色强调文字颜色1，淡色80％"，设置后的效果如图 12.21 所示。

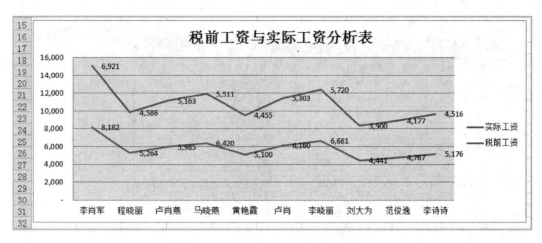

图 12.21　设置绘图区格式后的折线图

7. 添加分析线：选中图表，执行【图表工具/布局】→【分析】→【折线】→【高低点连线】命令，添加分析线后的图表如图 12.22 所示。

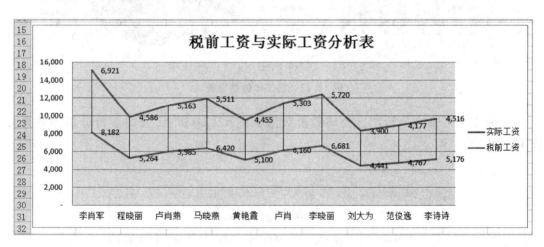

图 12.22　添加分析线后的图表

8. 设置图例位置：选中图表，执行【图表工具/布局】→【标签】→【图例】→【在底部显示图例】命令。最终效果如图 12.16 所示。

 课后练习

1. 制作员工年假信息表，并对员工姓名、工龄和年假天数建立簇状柱形图，对员工姓名及工资建立分离型三维饼图，如图 12.23 所示。

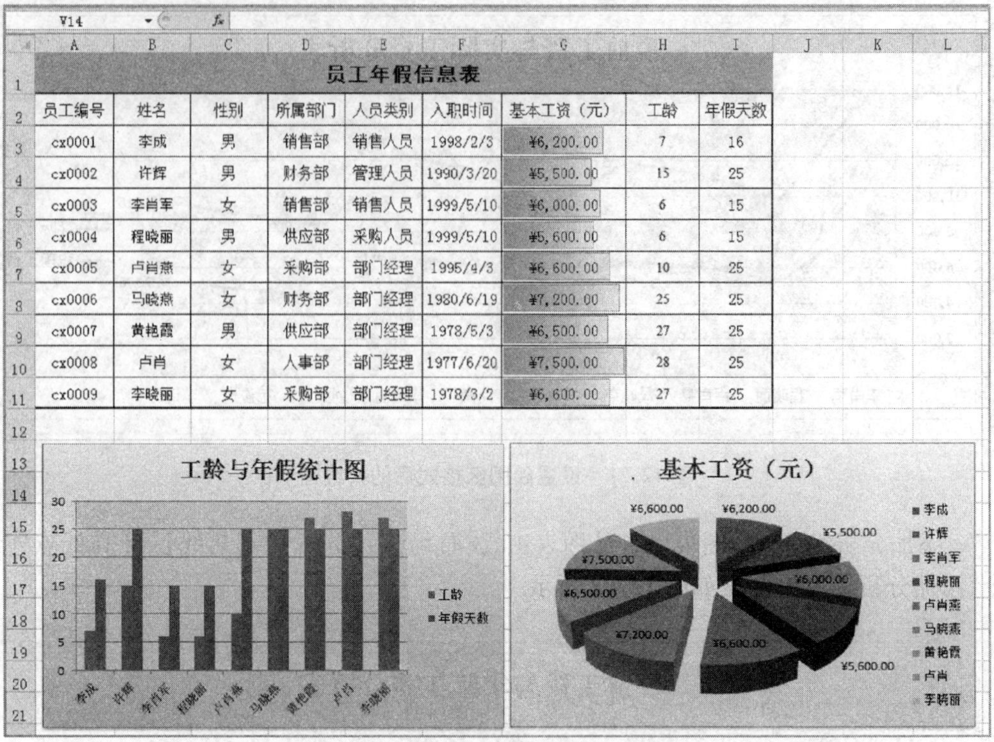

员工年假信息表								
员工编号	姓名	性别	所属部门	人员类别	入职时间	基本工资（元）	工龄	年假天数
cx0001	李成	男	销售部	销售人员	1998/2/3	¥6,200.00	7	16
cx0002	许辉	男	财务部	管理人员	1990/3/20	¥5,500.00	15	25
cx0003	李肖军	女	销售部	销售人员	1999/5/10	¥6,000.00	6	15
cx0004	程晓丽	男	供应部	采购人员	1999/5/10	¥5,600.00	6	15
cx0005	卢肖燕	女	采购部	部门经理	1995/4/3	¥6,600.00	10	25
cx0006	马晓燕	女	财务部	部门经理	1980/6/19	¥7,200.00	25	25
cx0007	黄艳霞	男	供应部	部门经理	1978/5/3	¥6,500.00	27	25
cx0008	卢肖	女	人事部	部门经理	1977/6/20	¥7,500.00	28	25
cx0009	李晓丽	女	采购部	部门经理	1978/3/2	¥6,600.00	27	25

图 12.23　员工年假信息表

2. 制作公司股价分析图。公司股价数据如图 12.24 所示，公司股价分析图效果如图 12.25所示。

公司股价分析表					
日期	成交量	开盘	盘高	盘底	收盘
2016/1/4	34,740,000	69.81	72.63	69.69	70.50
2016/1/5	32,110,800	70.94	74.00	70.72	73.25
2016/1/6	34,509,600	74.75	75.75	73.38	75.63
2016/1/7	25,553,800	74.88	75.31	74.13	75.25
2016/1/8	25,093,600	76.09	76.38	73.50	74.94
2016/1/9	23,158,000	75.44	75.47	72.97	73.75
2016/1/10	28,820,000	74.06	74.06	70.50	71.09
2016/1/11	37,647,800	68.00	73.88	68.00	71.91
2016/1/12	29,550,000	72.63	72.78	70.75	70.88
2016/1/13	29,517,600	71.47	75.00	70.69	74.88
2016/1/14	50,546,000	75.69	77.88	75.44	77.81

图 12.24　公司股价数据

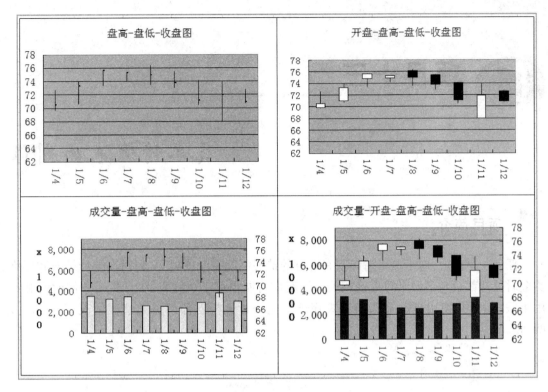

图 12.25　公司股价分析图

项目小结

　　本项目通过制作"产品生产统计表""员工税前工资与实际工资分析表""员工年假信息表"和"公司股价分析图"等,使读者学会 Excel 2010 图表的使用,掌握动态图表和静态图表的创建方法,包括圆柱图、柱形图、饼形图、折线图以及股价图;学会调整图表位置和大小,修改图表数据,更改图表类型,添加、修改图表标题,添加数据标签,设置图表区域格式等。读者在学会项目案例制作的同时,能够活学活用到实际工作生活中,善于应用图表工具来统计分析数据。

项目十三

员工请假表的制作

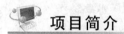

项目简介

任何一个企业,对于员工请假都有各自的请假制度和考核制度,公司在统计绩效和年终奖金时往往都会与请假时间直接相关。本案例将制作员工请假表,统计员工请假时间和使用年假时间,并使用自动筛选和高级筛选功能统计分析各部门员工请假情况,如图 13.1 所示。

请假时间	工号	姓名	部门	假别	是否使用年假	请假天数	应扣工资
				员工请假表			
2010/4/15	000280	张静	销售部	事假	否	0.2	￥25
2010/4/3	000291	李小军	人事部	事假	否	1	￥150
2010/4/8	000203	吴汉东	财务部	病假		0.8	￥27
2010/4/9	000254	唐娟	人事部	婚假		0.6	￥0
2010/4/25	000088	张美丽	总经办	产假		10	￥0
2010/4/7	000227	李杰	总经办	事假	是	2	￥0
2010/4/10	000216	曾黎	总经办	事假	是	1.5	￥0
2010/4/29	000260	李涛	销售部	事假	否	5.8	￥1,276
2010/4/28	000293	张雄	销售部	年假		6	￥0
2010/4/18	000374	杨梅林	销售部	病假		2	￥47
2010/4/22	000226	孙立新	总经办	事假	否	0.5	￥50
2010/4/6	000318	黄丽	财务部	病假		2	￥80
2010/4/17	000217	王婷芳	总经办	事假	否	1.2	￥120
2010/4/15	000203	徐乐	总经办	事假	否	1	￥140
2010/4/18	000261	李兴民	销售部	病假		3	￥132

部门		是否使用年假	请假天数
总经办		否	>1

请假时间	工号	姓名	部门	假别	是否使用年假	请假天数	应扣工资
2010/4/17	000217	王婷芳	总经办	事假	否	1.2	￥120

请假时间	工号	姓名	部门	假别	是否使用年假	请假天	应扣工
				员工请假表			
2010/4/25	000088	张美丽	总经办	产假		10	￥0
2010/4/10	000216	曾黎	总经办	事假	是	1.5	￥0
2010/4/22	000226	孙立新	总经办	事假	否	0.5	￥50
2010/4/17	000217	王婷芳	总经办	事假	否	1.2	￥120
2010/4/15	000203	徐乐	总经办	事假	否	1	￥140

图 13.1　员工请假表

知识点导入

1. 自动筛选（固定条件）：执行【开始】→【编辑】→【排序和筛选】→【筛选】命令，然后在相应的下拉列表中选择需要筛选的字段。

2. 自定义筛选：执行【开始】→【编辑】→【排序和筛选】→【筛选】命令，然后在相应的下拉列表中选择【数字筛选】→【自定义筛选】命令，输入相应的筛选条件。

3. 取消自动筛选：执行【开始】→【编辑】→【排序和筛选】→【筛选】命令，所有表头的下拉列表消失。

4. 高级筛选：执行【数据】→【排序和筛选】→【高级】命令，打开"高级筛选"对话框，选择"列表区域"和"条件区域"（需要提前输入好筛选条件）。

5. 高级筛选条件设置技巧。
（1）若不同字段两个条件为"与"的关系，则条件在同一行。
（2）若相同字段两个条件为"与"的关系，则列出两个相同字段名，条件也在同一行。
（3）若不同字段两个条件为"或"的关系，则条件在不同行。
（4）若相同字段两个条件为"或"的关系，则条件在同一列。

解决方案

任务1　创建员工请假表

1. 新建文档。
（1）启动 Excel 2010，新建空白文档。
（2）将新建的文档保存在桌面上，文件名为"员工请假表"。

2. 输入员工请假信息。
（1）合并 A1：H1 单元格，输入标题"员工请假表"。
（2）设置标题的格式为"楷体""加粗""20 磅"。
（3）按照图 13.2 所示在单元格中录入相应信息。

请假时间	工号	姓名	部门	假别	是否使用年假	请假天数	应扣工资
2010/4/15	000280	张静	销售部	事假	否	0.2	¥25
2010/4/3	000291	李小军	人事部	事假	否	1	¥150
2010/4/8	000203	吴汉东	财务部	病假		0.8	¥27
2010/4/9	000254	唐娟	人事部	婚假		0.6	¥0
2010/4/25	000088	张美丽	总经办	产假		10	¥0
2010/4/7	000227	李杰	总经办	事假	是	2	¥0
2010/4/10	000216	曾黎	总经办	事假	是	1.5	¥0
2010/4/29	000260	李涛	销售部	事假	否	5.8	¥1,276
2010/4/28	000293	张雄	销售部	年假		6	¥0
2010/4/18	000374	杨梅林	销售部	病假		2	¥47
2010/4/22	000226	孙立新	总经办	事假	否	0.5	¥50
2010/4/6	000318	黄丽	财务部	病假		2	¥80
2010/4/17	000217	王婷芳	总经办	事假	否	1.2	¥120
2010/4/15	000203	徐乐	总经办	事假	否	1	¥140
2010/4/18	000261	李兴民	销售部	病假		3	¥132

图 13.2　录入员工请假信息

3．美化表格。

（1）选择合并后的 A1：H1 单元格区域，在【开始】→【字体】选项组中单击 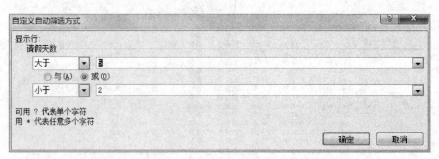·右侧的下拉列表中的"其他颜色"，在打开的"颜色"对话框中单击"自定义"选项卡，输入"R：255，G：255，B：153"。

（2）按照同样的方法，给 A2：H2 单元格区域添加"R：255，G：153，B：0"的橙色底纹。

（3）选择 A3：H17 单元格区域，在【开始】→【字体】选项组中单击边框按钮 ⊞ ·右侧下拉箭头，选择"所有框线"。

美化后的表格如图 13.3 所示。

员工请假表

请假时间	工号	姓名	部门	假别	是否使用年假	请假天数	应扣工资
2010/4/15	000280	张静	销售部	事假	否	0.2	¥25
2010/4/3	000291	李小军	人事部	事假	否	1	¥150
2010/4/8	000203	吴汉东	财务部	病假		0.8	¥27
2010/4/9	000254	唐娟	人事部	婚假		0.6	¥0
2010/4/25	000088	张美丽	总经办	产假		10	¥0
2010/4/7	000227	李杰	总经办	事假	是	2	¥0
2010/4/10	000216	曾黎	总经办	事假	是	1.5	¥0
2010/4/29	000260	李涛	销售部	事假	否	5.8	¥1,276
2010/4/28	000293	张雄	销售部	年假		6	¥0
2010/4/18	000374	杨梅林	销售部	病假		2	¥47
2010/4/22	000226	孙立新	总经办	事假	否	0.5	¥50
2010/4/6	000318	黄丽	财务部	病假		2	¥80
2010/4/17	000217	王婷芳	总经办	事假	否	1.2	¥120
2010/4/15	000203	徐乐	总经办	事假	否	1	¥140
2010/4/18	000261	李兴民	销售部	病假		3	¥132

图 13.3　美化后的表格

任务 2　使用自动筛选

下面将在"员工请假表"中使用自动筛选方法筛选出请假天数大于 5 或者小于 2 的总经办的员工信息。具体操作步骤如下：

1．单击表格中任意有效单元格，执行【开始】→【编辑】→【排序和筛选】→【筛选】命令，此时表格的表头区域都多了一个下拉列表。

2．单击"请假天数"右侧下拉箭头，选择"数字筛选"→"自定义筛选"命令，弹出"自定义自动筛选方式"对话框，在对话框中输入两个筛选条件分别为：大于 5 或小于 2，如图 13.4 所示。

图 13.4　"自定义自动筛选方式"对话框

技能加油站

若筛选部分为文本格式内容,在下拉列表中选择的是"文本筛选"→"自定义筛选",可以筛选出文本格式内容。

3. 单击"确定"按钮,返回到表中,即可看到筛选结果。如图 13.5 所示。

图 13.5　请假天数筛选结果

4. 单击"部门"右侧下拉箭头,取消选中"全选"复选框,选择"总经办"复选框。筛选结果如图 13.6 所示。

图 13.6　自动筛选结果

5. 将筛选结果另存为"员工请假表 – 自定义筛选 .xlsx"。

任务3　使用高级筛选

除了自动筛选外,还有一种筛选方法叫作高级筛选,高级筛选适用于条件较复杂的筛选操作,高级筛选的结果既可以在原数据表格中显示,也可以在新的位置显示,原表格数据完整保留,这样更加便于数据对比。下面将利用高级筛选方法,在"员工请假表"中筛选出总经办部门中未使用年假且请假天数超过 1 天的记录。具体操作步骤如下:

1. 打开任务 1 创建好的"员工请假表"。

2. 输入条件:在 D20:G21 单元格区域输入如下条件信息:

部门		是否使用年假	请假天数
总经办		否	>1

3. 执行【数据】→【排序和筛选】→【高级】命令,打开"高级筛选"对话框,如图13.7(a)所示。

4. 设置高级筛选选项。

(1) 在"高级筛选"对话框中的"方式"栏中选择"将筛选结果复制到其他位置"单选按钮,如图13.7(b)所示。

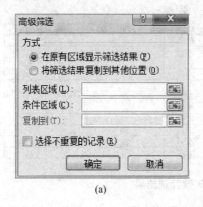
(a)

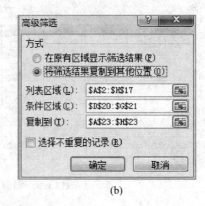
(b)

图13.7 "高级筛选"对话框

(2) 单击"列表区域"右侧的 图标,选择表中A2:H17单元格区域,此时列表区域显示 $A$2:$H$17,或者直接在"列表区域"文本框中输入"$A$2:$H$17"。

(3) 单击"条件区域"右侧的 图标,选择表中D20:G21单元格区域,此时列表区域显示 $D$20:$G$21,或者直接在"条件区域"文本框中输入"$D$20:$G$21"。

(4) 单击"复制到"右侧的 图标,选择表中S23:H23单元格区域,此时列表区域显示 $A$23:$H$23,或者直接在"复制到"文本框中输入"$A$23:$H$23"。

5. 设置好高级筛选选项后,单击"确定"按钮,返回到表中。筛选结果如图13.8所示。

				员工请假表			
请假时间	工号	姓名	部门	假别	是否使用年假	请假天数	应扣工资
2010/4/15	000280	张静	销售部	事假	否	0.2	¥25
2010/4/3	000291	李小军	人事部	事假	否	1	¥150
2010/4/8	000203	吴汉东	财务部	病假		0.8	¥27
2010/4/9	000254	唐娟	人事部	婚假		0.6	¥0
2010/4/25	000088	张美丽		产假		10	¥0
2010/4/7	000227	李杰	总经办	事假	是	2	¥0
2010/4/10	000216	曾黎	总经办	事假	是	1.5	¥0
2010/4/29	000260	李涛	销售部	事假	否	5.8	¥1,276
2010/4/28	000293	张雄	销售部	年假		6	¥0
2010/4/18	000374	杨梅林	销售部	病假		2	¥47
2010/4/22	000226	孙立新	总经办	事假	否	0.5	¥50
2010/4/6	000318	黄丽	财务部	病假		2	¥80
2010/4/17	000217	王婷芳	总经办	事假	否	1.2	¥120
2010/4/16	000203	徐乐	总经办	事假		1	¥140
2010/4/18	000261	李兴民	销售部	病假		3	¥132
			部门		是否使用年假	请假天数	
			总经办		否	>1	
请假时间	工号	姓名	部门	假别	是否使用年假	请假天数	应扣工资
2010/4/17	000217	王婷芳	总经办	事假	否	1.2	¥120

图13.8 高级筛选结果

拓展项目

利用"绩效考核表"可对员工在工作过程中表现出来的工作业绩、工作能力、工作态度以及个人品德等进行评价,判断员工与岗位的要求是否相称。

本案例将制作"绩效考核表",并从"绩效考核表"中筛选出优良评定为"差"的"销售专员"记录。"绩效考核表"及筛选结果如图 13.9 所示。

员工编号	姓名	职务	假勤考评	工作能力	工作表现	奖惩记录	绩效总分	优良评定	年终奖金(元)	核定人
c001	高鹏	销售专员	27.0	33.1	33.4	5	98.5	差	2000	
c002	何勇	销售业务员	29.2	33.6	34.3	5	102.1	良	4000	
c003	刘一守	销售业务员	29.2	33.6	33.9	5	101.7	良	4000	
c004	韩风	销售业务员	29.4	33.9	35.2	6	104.5	良	4000	
c005	曾琳	销售专员	29.1	35.7	35.3	5	105.0	优	6000	
c006	李雪	销售专员	29.3	35.2	35.3	5	104.8	良	4000	
c007	朱珠	销售专员	28.9	32.7	32.9	5	99.5	差	2000	
c008	王剑锋	销售专员	25.5	33.8	34.9	5	99.1	差	2000	
c009	张保国	销售专员	29.6	34.5	34.5	5	103.6	良	4000	
c010	谢宇	销售代表	28.7	32.9	31.9	5	98.5	差	2000	
c011	徐江	销售专员	29.0	34.3	34.4	5	102.7	良	4000	
c012	林冰	销售专员	29.3	35.6	35.0	5	107.9	优	6000	
c013	陈涓涓	销售主管	26.0	33.8	34.4	5	99.1	差	2000	
c014	孔杰	销售专员	28.5	34.6	34.6	5	103.0	良	4000	
c015	陈亮	销售专员	29.0	33.8	34.3	5	102.1	良	4000	
c016	李齐	销售代表	29.1	34.5	33.7	5	102.4	良	4000	
c017	于晓峰	销售专员	29.3	34.2	34.2	6	103.6	良	4000	

职务		优良评定
销售专员		差

员工编号	姓名	职务	假勤考评	工作能力	工作表现	奖惩记录	绩效总分	优良评定	年终奖金(元)	核定人
c001	高鹏	销售专员	27.0	33.1	33.4	5	98.5	差	2000	
c007	朱珠	销售专员	28.9	32.7	32.9	5	99.5	差	2000	
c008	王剑锋	销售专员	25.5	33.8	34.9	5	99.1	差	2000	

图 13.9 "绩效考核表"及筛选结果

一、制作绩效考核表

下面通过输入文本、设置格式和添加边框等操作来创建"绩效考核表"。具体操作步骤如下:

1. 录入文本信息:新建"绩效考核表"工作簿,按照图 13.10 所示录入相应信息。

2. 合并 A1:K1 单元格区域,设置标题格式为"宋体""24 磅",居中对齐。

3. 适当调整单元格的宽度和高度。

4. 设置边框和底纹。

(1) 选择 A2:K2 单元格区域,执行【开始】→【字体】→【填充颜色】命令,选择"浅绿"。

(2) 选择 A1:K19 单元格区域,执行【开始】→【字体】→【边框线】命令,选择"所有框线"。

(3) 选择 A1:K19 单元格区域,执行【开始】→【字体】→【边框线】命令,选择"粗匣框线"。

设置好后的效果如图 13.10 所示。

	A	B	C	D	E	F	G	H	I	J	K
1	绩效考核表										
2	员工编号	姓名	职务	假勤考评	工作能力	工作表现	奖惩记录	绩效总分	优良评定	年终奖金	核定人
3	c001	高鹏	销售专员	27.0	33.1	33.4	5	98.5	差	2000	
4	c002	何勇	销售业务员	29.2	33.6	34.3	5	102.1	良	4000	
5	c003	刘一守	销售业务员	29.2	33.6	33.9	5	101.7	良	4000	
6	c004	韩风	销售业务员	29.4	33.9	35.2	6	104.5	良	4000	
7	c005	曾琳	销售专员	29.1	35.7	35.3	5	105.0	优	6000	
8	c006	李雪	销售专员	29.3	35.2	35.3	5	104.8	良	4000	
9	c007	朱珠	销售专员	28.9	32.7	32.9	5	99.5	差	2000	
10	c008	王剑锋	销售专员	25.5	33.8	34.9	5	99.1	差	2000	
11	c009	张保国	销售专员	29.6	34.5	34.5	5	103.6	良	4000	
12	c010	谢宇	销售代表	28.7	32.9	31.9	5	98.5	差	2000	
13	c011	徐江	销售专员	29.0	34.3	34.4	5	102.7	良	4000	
14	c012	林冰	销售专员	29.3	35.6	35.0	8	107.9	优	6000	
15	c013	陈涓涓	销售主管	26.0	33.8	34.4	5	99.1	差	2000	
16	c014	孔杰	销售专员	28.5	34.9	34.6	5	103.0	良	4000	
17	c015	陈亮	销售专员	29.0	33.8	34.3	5	102.1	良	4000	
18	c016	李齐	销售代表	29.1	34.5	33.7	5	102.4	良	4000	
19	c017	于晓峰	销售专员	29.3	34.2	34.2	6	103.6	良	4000	

图 13.10　创建绩效考核表

二、使用高级筛选筛选数据

接下来需要从“绩效考核表”中筛选出优良评定为“差”的“销售专员”记录。具体操作方法如下：

1. 设置筛选条件：在 B23：D24 单元格区域输入如下表格中的条件。

职务		优良评定
销售专员		差

2. 执行【数据】→【排序和筛选】→【高级】命令，打开“高级筛选”对话框。

3. 设置高级筛选选项：

（1）在“高级筛选”对话框中的“方式”中选择“将筛选结果复制到其他位置”单选按钮。

（2）单击“列表区域”右侧的 ，选择表中 A2：K19 单元格区域，此时列表区域显示 $A$2：$K$19，或者直接在“列表区域”文本框中输入“$A$2：$K$19”。

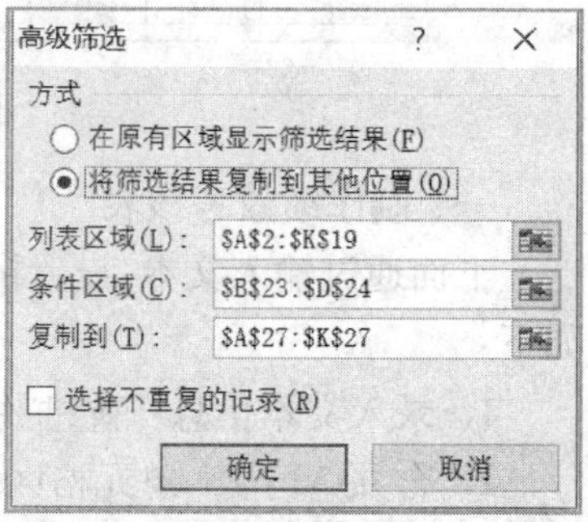

图 13.11　“高级筛选”对话框

（3）单击“条件区域”右侧的 ，选择表中 B23：D24 单元格区域，此时列表区域显示 $B$23：$D$24，或者直接在“条件区域”文本框中输入“$B$23：$D$24。”

（4）单击“复制到”右侧的 ，选择表中 A27：K27 单元格区域，此时列表区域显示 $A$27:$K$27，或者直接在“复制到”文本框中输入“$A$27：$K$27。”

“高级筛选”对话框中各项设置如图 13.11 所示。

4. 设置好高级筛选选项后，单击“确定”按钮，返回到表中。筛选结果如图 13.12 所示。

22										
23		职务		优良评定						
24		销售专员		差						
25										
26										
27	员工编号	姓名	职务	假勤考评	工作能力	工作表现	奖惩记录	绩效总分	优良评定	年终奖金（元）| 核定人
28	c001	尚鹏	销售专员	27.0	33.1	33.4	5	98.5	差	2000	
29	c007	朱珠	销售专员	28.9	32.7	32.9	5	99.5	差	2000	
30	c008	王剑锋	销售专员	25.5	33.8	34.9	5	99.1	差	2000	
31										

图 13.12　高级筛选结果

 课后练习

1. 按照图 13.13 所示制作"产品入库表"，并从表中筛选出单价在 20～60 元之间，供应商为"耀华纸巾"的入库记录信息，筛选结果如图 13.14 所示。

图 13.13　产品入库表

图 13.14　筛选结果

2. 按照图 13.15 所示效果制作"员工档案表"，并利用高级筛选功能从表中筛选出 2012 年以前入职的、学历为本科且档案已调转的员工信息，筛选结果如图 13.15 所示。

员工编号	姓名	性别	年龄	身份证号码	学历	进入公司时间	联系方式	户口所在地	档案调转
				员工档案表					
HA-01	张芳	女	24	51372119890718XXXX	大专	2011年3月16日	1368852XXXX	巴中	已调转
HA-02	李月瑶	女	27	51372119860219XXXX	本科	2009年7月8日	1832794XXXX	巴中	已调转
HA-03	张辰	男	22	51112219900316XXXX	大专	2015年3月12日	1350226XXXX	眉山	已调转
HA-04	刘鑫	女	24	50021319880412XXXX	本科	2009年6月5日	1582178XXXX	重庆	已调转
HA-05	王岚	女	22	52011319900312XXXX	本科	2014年2月4日	1501287XXXX	贵州	未调转
HA-06	张丹	女	25	12010419870512XXXX	大专	2009年3月2日	1861799XXXX	天津	未调转
HA-06	赵丽	女	23	22010219890710XXXX	大专	2014年4月8日	1835886XXXX	吉林	未调转
HA-08	吴勇	男	26	50010519860309XXXX	大专	2008年6月4日	1368284XXXX	重庆	已调转
HA-09	杨丹	女	20	51152119920309XXXX	大专	2015年5月6日	1392854XXXX	宜宾	已调转
HA-10	李芸	女	23	51302419890309XXXX	本科	2012年6月18日	1836954XXXX	达州	已调转
HA-11	章程	男	22	53010319870309XXXX	本科	2015年8月20日	1583834XXXX	云南	未调转
HA-12	付强	男	22	51012219900513XXXX	高中	2010年9月20日	1302448XXXX	成都	已调转
HA-13	陈浩	男	24	50021419880406XXXX	本科	2011年5月8日	1361417XXXX	重庆	已调转
HA-14	吴昊	男	26	51021319860412XXXX	本科	2014年6月5日	1341879XXXX	成都	已调转
HA-15	刘伶	女	22	51090319900315XXXX	本科	2012年4月8日	1388197XXXX	遂宁	已调转
HA-17	张红	女	26	44010019860413XXXX	高中	2008年5月6日	1572387XXXX	广州	未调转
HA-18	杨艳玲	女	24	51382019901105XXXX	本科	2014年5月6日	1580069XXXX	眉山	已调转
HA-19	向雅	女	24	51020019880412XXXX	本科	2009年4月8日	1853539XXXX	成都	已调转
HA-20	吴梅	女	24	51021319880819XXXX	高中	2009年5月10日	1368783XXXX	成都	已调转
HA-21	彭佳	男	27	51372119860724XXXX	本科	2010年7月8日	1471860XXXX	巴中	已调转
HA-22	吴玲	女	27	51062319860218XXXX	本科	2015年2月15日	1871418XXXX	德阳	已调转

学历	进入公司时间	档案调转
本科	<2012/1/1	已调转

员工编号	姓名	性别	年龄	身份证号码	学历	进入公司时间	联系方式	户口所在地	档案调转
HA-02	李月瑶	女	27	51372119860219XXXX	本科	2009年7月8日	1832794XXXX	巴中	已调转
HA-04	刘鑫	女	24	50021319880412XXXX	本科	2009年6月5日	1582178XXXX	重庆	已调转
HA-13	陈浩	男	24	50021419880406XXXX	本科	2011年5月8日	1361417XXXX	重庆	已调转
HA-19	向雅	女	24	51020019880412XXXX	本科	2009年4月8日	1853539XXXX	成都	已调转
HA-21	彭佳	男	27	51372119860724XXXX	本科	2010年7月8日	1471860XXXX	巴中	已调转

图 13.15 "员工档案表"及筛选结果

 项目小结

本项目通过制作"员工请假表""绩效考核表""产品入库统计表"和"员工档案表"等，使读者学会使用 Excel 2010 的自动筛选和高级筛选功能来筛选出符合条件的记录，并对数据进行分析统计。掌握自动筛选中的数字筛选或文本筛选下的自定义筛选方法，学会高级筛选复杂条件的书写方式，能够灵活应用数据筛选筛选出满足不同条件的记录。

读者在学会项目案例制作的同时，能够活学活用到实际工作生活中，善于应用数据的自动筛选和高级筛选功能来筛选数据和统计分析数据。

项目十四

产品销量统计表的制作

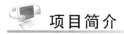

项目简介

产品销量分析主要用于衡量和评估经理人员所制订的计划销售目标与实际销售之间的关系,针对同一市场不同品牌产品的销售差异分析,主要是为企业的销售策略提供建议和参考。针对不同市场的同一品牌产品的销售差异分析,主要是为企业的市场策略提供建议和参考。数据透视表是交互式报表,可快速合并和比较大量数据。本案例将制作产品销量统计表,并采用数据透视表和数据透视图来统计分析产品销量数据。"产品销量统计表"效果如图 14.1 所示。

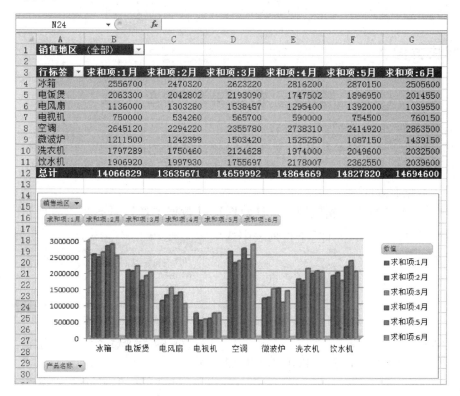

图 14.1　产品销量统计表

知识点导入

1. 创建数据透视表：执行【插入】→【表格】→【数据透视表】命令。

2. 移动数据透视表：在需要移动的数据透视表的任意位置单击【数据透视表工具/选项】→【操作】→【移动数据透视表】命令。

3. 添加字段到报表中。

数据透视表字段列表中的四个区域。

（1）报表筛选：添加字段到报表筛选区，可以使该字段包含在数据透视表的筛选区域中，以便对其独特的数据项进行筛选。

（2）列标签：添加一个字段到列标签区域，可以在数据透视表顶部显示来自该字段的独特值。

（3）行标签：添加一个字段到行标签区域，可以沿数据透视表左边的整个区域显示来自该字段的独特的值。

（4）数值：添加一个字段"数值"区域，可以使该字段包含在数据透视表的值区域中，并使用该字段中的值进行指定的计算。

4. 从透视表中删除字段：在布局区域中，单击要删除的字段，然后单击"删除字段"。

5. 修改数据透视表的样式：单击【数据透视表工具/设计】→【数据透视表样式】命令。

 解决方案

任务1　录入产品生产信息

1. 启动 Excel 2010，新建空白文档。

2. 将新建的文档保存在桌面上，文件名为"产品销量统计表"。

3. 然后在工作表中输入工作表标题和表字段，并对其进行相应的设置。

4. 设置数据有效性。

（1）选择 C2：C24 单元格区域，执行【数据】→【数据工具】→【数据有效性】命令，打开"数据有效性"对话框，在"允许"下拉列表中选择"序列"选项。

（2）在"来源"文本框中输入"北京，重庆，江苏，黑龙江"，如图 14.2 所示，然后单击"确定"按钮。

5. 录入销售统计信息。

（1）按照图 14.3 所示在表格中输入相应的数据内容。

（2）选择 J3 单元格，在编辑栏中输入公式" = SUM（D3：I3）"，复制 J3 单元格中的公式，

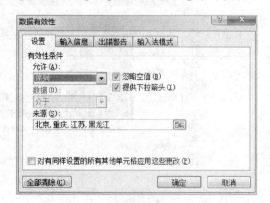

图 14.2　"数据有效性"对话框

计算出 J3：J24 单元格区域中的总销售额列数据。

（3）对其字体格式、数字格式和单元格格式进行相应的设置。

编号	产品名称	销售地区	1月	2月	3月	4月	5月	6月	总销售额
1	洗衣机	北京	¥532,789.00	¥524,700.00	¥641,298.00	¥635,000.00	¥605,500.00	¥675,000.00	¥2,556,798.00
2	饮水机	重庆	¥498,000.00	¥652,370.00	¥427,107.00	¥835,000.00	¥833,050.00	¥697,600.00	¥2,792,757.00
3	电风扇	黑龙江	¥718,500.00	¥648,760.00	¥782,607.00	¥687,000.00	¥717,000.00	¥650,000.00	¥2,836,607.00
4	微波炉	黑龙江	¥590,100.00	¥771,350.00	¥763,500.00	¥765,100.00	¥389,550.00	¥635,000.00	¥2,553,150.00
5	冰箱	重庆	¥796,500.00	¥479,720.00	¥552,450.00	¥663,000.00	¥804,150.00	¥835,000.00	¥2,854,600.00
6	电饭煲	江苏	¥674,000.00	¥735,000.00	¥803,020.00	¥604,500.00	¥506,100.00	¥687,000.00	¥2,600,620.00
7	空调	北京	¥492,500.00	¥514,750.00	¥497,500.00	¥672,000.00	¥494,500.00	¥765,100.00	¥2,429,100.00
8	饮水机	重庆	¥798,420.00	¥647,040.00	¥693,590.00	¥725,000.00	¥842,500.00	¥663,000.00	¥2,924,090.00
9	洗衣机	北京	¥532,000.00	¥594,060.00	¥648,330.00	¥654,000.00	¥679,000.00	¥604,500.00	¥2,585,830.00
10	冰箱	江苏	¥510,700.00	¥628,040.00	¥708,770.00	¥875,400.00	¥753,000.00	¥410,000.00	¥2,747,170.00
11	电视机	重庆	¥750,000.00	¥534,260.00	¥565,700.00	¥590,000.00	¥754,500.00	¥760,150.00	¥2,670,350.00
12	空调	江苏	¥694,200.00	¥732,730.00	¥564,930.00	¥658,000.00	¥538,900.00	¥107,330.00	¥2,107,330.00
13	电饭煲	黑龙江	¥705,300.00	¥694,092.00	¥692,470.00	¥563,000.00	¥755,850.00	¥833,050.00	¥2,844,370.00
14	空调	北京	¥715,420.00	¥526,740.00	¥643,350.00	¥597,410.00	¥739,920.00	¥717,000.00	¥2,697,680.00
15	电风扇	重庆	¥417,500.00	¥654,520.00	¥755,850.00	¥608,400.00	¥675,000.00	¥389,550.00	¥2,428,800.00
16	微波炉	黑龙江	¥621,400.00	¥471,049.00	¥739,920.00	¥760,150.00	¥697,600.00	¥804,150.00	¥3,001,820.00
17	冰箱	黑龙江	¥675,000.00	¥598,360.00	¥675,000.00	¥538,900.00	¥650,000.00	¥506,100.00	¥2,370,000.00
18	电饭煲	江苏	¥684,000.00	¥613,710.00	¥697,600.00	¥580,002.00	¥635,000.00	¥494,500.00	¥2,407,102.00
19	空调	江苏	¥743,000.00	¥520,000.00	¥650,000.00	¥810,900.00	¥835,000.00	¥842,500.00	¥3,138,400.00
20	饮水机	重庆	¥610,500.00	¥698,520.00	¥635,000.00	¥618,007.00	¥687,000.00	¥679,000.00	¥2,619,007.00
21	洗衣机	黑龙江	¥732,500.00	¥631,700.00	¥835,000.00	¥685,000.00	¥765,100.00	¥753,000.00	¥3,038,100.00
22	冰箱	江苏	¥574,500.00	¥764,200.00	¥687,000.00	¥738,900.00	¥663,000.00	¥754,500.00	¥2,843,400.00

图 14.3　销售统计表

任务2　创建数据透视表

下面将通过创建的数据透视表来按销售地区统计产品的销量。

1. 插入数据透视表。

选择 A2：I24 单元格区域，执行【插入】→【表格】→【数据透视表】命令，打开"创建数据透视表"对话框，选中"选择放置数据透视表的位置"栏中的"新工作表"单选按钮，单击"确定"按钮，如图 14.4 所示。

图 14.4　"创建数据透视表"对话框

 技能加油站

在创建数据透视表之前，若没有选择需要创建透视表的区域，则在"创建数据透视表"对话框中的"表/区域"将为空，此时我们可以单击右侧的 按钮来选择数据区域。

2. 设置数据透视表字段列表。

（1）在"数据透视表字段列表"任务窗格的"选择要添加到报表的字段"列表框中选择"销售地区"选项，按住鼠标左键不放，将其拖动到"报表筛选"列表框中。

（2）在"选择要添加到报表的字段"列表框中依次选中"产品名称""1月""2月""3月""4月""5月"和"6月"复选框，完成数据透视表数据的添加，如图 14.5 所示。

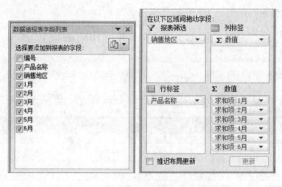

图 14.5　设置数据透视表字段列表

技能加油站

若"数据透视表字段列表"对话框没有显示或者不小心关掉了,可以通过选择数据透视表,执行【数据透视表工具/选项】→【显示】→【字段列表】命令,打开"数据透视表字段列表"对话框。

(3) 设置好数据透视表字段列表后,此时的数据透视表已经自动生成,如图 14.6 所示。单击 B1 单元格右侧的下拉列表按钮,选择"黑龙江"选项,单击"确定"按钮,即可筛选出地区为"黑龙江"的产品销量。

行标签	求和项:1月	求和项:2月	求和项:3月	求和项:4月	求和项:5月	求和项:6月
销售地区	(全部)					
冰箱	2556700	2470320	2623220	2816200	2870150	2505600
电饭煲	2063300	2042802	2193090	1747502	1896950	2014550
电风扇	1136000	1303280	1538457	1295400	1392000	1039550
电视机	750000	534260	565700	590000	754500	760150
空调	2645120	2294220	2355780	2738310	2414920	2863500
微波炉	1211500	1242399	1503420	1525250	1087150	1439150
洗衣机	1797289	1750460	2124628	1974000	2049600	2032500
饮水机	1906920	1997930	1755697	2178007	2362550	2039600
总计	14066829	13635671	14659992	14864669	14827820	14694600

图 14.6　设置好数据透视表字段列表后的透视表

3. 设置数据透视表样式。

选择 A1:G12 单元格区域,执行【数据透视表工具/设计】→【数据透视表样式】→【数据透视表样式深色样式 2】命令。应用样式后的效果如图 14.7 所示。

行标签	求和项:1月	求和项:2月	求和项:3月	求和项:4月	求和项:5月	求和项:6月
销售地区	(全部)					
冰箱	2556700	2470320	2623220	2816200	2870150	2505600
电饭煲	2063300	2042802	2193090	1747502	1896950	2014550
电风扇	1136000	1303280	1538457	1295400	1392000	1039550
电视机	750000	534260	565700	590000	754500	760150
空调	2645120	2294220	2355780	2738310	2414920	2863500
微波炉	1211500	1242399	1503420	1525250	1087150	1439150
洗衣机	1797289	1750460	2124628	1974000	2049600	2032500
饮水机	1906920	1997930	1755697	2178007	2362550	2039600
总计	14066829	13635671	14659992	14864669	14827820	14694600

图 14.7　设置样式后的数据透视表

任务3 创建数据透视图

Excel 数据透视表是数据汇总、优化数据显示和数据处理的强大工具。接下来向大家介绍如何在 Excel 中创建数据透视表并对数据进行统计和分析。本案例是基于前面创建好的数据透视表来创建数据透视图的,当数据透视表中的数据发生变化时,数据透视图中的数据也会跟着发生变化。具体操作步骤如下:

1. 选中数据透视表中的任意一个单元格,执行【数据透视表工具/选项】→【工具】→【数据透视图】命令,在打开的"插入图表"对话框中选择相应的图表"簇状圆柱图",单击"确定"按钮。

 技能加油站

创建数据透视图也可以跟创建数据透视表的方法一样,选中数据区域,然后执行【插入】→【表格】→【数据透视表】→【数据透视图】命令。

2. 选择数据透视图,使用调整图表大小和位置的方法对数据透视图的大小和位置进行适当的调整。

3. 设置数据透视图样式。选择数据透视图,执行【数据透视图工具/设计】→【图表样式】→【样式34】命令,设置完成后的效果如图 14.1 所示。

拓展项目

制作如图 14.8 所示的产品订单表。

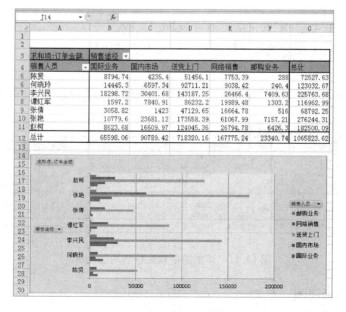

图 14.8 产品订单表

一、创建订单透视表

1. 插入数据透视表。

（1）在素材中打开"产品订单表"。

（2）选择要创建数据透视表的单元格区域,执行【插入】→【表格】→【数据透视表】命令,打开"创建数据透视表"对话框,选择"放置数据透视表的位置"为"新工作表",单击"确定"按钮。

（3）系统自动创建一个新工作表,将此工作表重命名为"订单透视表"。

（4）选择要添加到数据透视表的字段,如图14.9所示。

（5）返回到表格,即可看到插入的数据透视表效果,如图14.10所示。

图14.9　添加数据透视表字段

	A	B	C	D	E	F	G
1							
2							
3	求和项:订单金额	销售途径					
4	销售人员	国际业务	国内市场	送货上门	网络销售	邮购业务	总计
5	陈贤	8794.74	4235.4	51456.1	7753.39	288	72527.63
6	何晓玲	14445.3	6597.34	92711.21	9038.42	240.4	123032.67
7	李兴民	18298.72	30401.68	143187.25	26466.4	7409.63	225763.68
8	谭红军	1597.2	7840.91	86232.2	19989.48	1303.2	116962.99
9	张倩	3058.82	1423	47129.65	16664.78	516	68792.25
10	张艳	10779.6	23681.12	173558.39	61067.99	7157.21	276244.31
11	赵柯	8623.68	16609.97	124045.36	26794.78	6426.3	182500.09
12	总计	65598.06	90789.42	718320.16	167775.24	23340.74	1065823.62

图14.10　创建的数据透视表效果

2. 美化透视表。

（1）给 A3：B3、A4：G4 单元格添加"浅绿色"底纹。

（2）按照图 14.11 所示的效果给透视表添加 1.5 磅边框。

	A	B	C	D	E	F	G
1							
2							
3	求和项:订单金额	销售途径					
4	销售人员	国际业务	国内市场	送货上门	网络销售	邮购业务	总计
5	陈贤	8794.74	4235.4	51456.1	7753.39	288	72527.63
6	何晓玲	14445.3	6597.34	92711.21	9038.42	240.4	123032.67
7	李兴民	18298.72	30401.68	143187.25	26466.4	7409.63	225763.68
8	谭红军	1597.2	7840.91	86232.2	19989.48	1303.2	116962.99
9	张倩	3058.82	1423	47129.65	16664.78	516	68792.25
10	张艳	10779.6	23681.12	173558.39	61067.99	7157.21	276244.31
11	赵柯	8623.68	16609.97	124045.36	26794.78	6426.3	182500.09
12	总计	65598.06	90789.42	718320.16	167775.24	23340.74	1065823.62

图14.11　添加边框和底纹后的透视表

二、创建订单透视图

1. 插入数据透视图。

选中数据透视表中的任意一个单元格,执行【数据透视表工具/选项】→【工具】→【数据透视图】命令,在打开的"插入图表"对话框中选择相应的图表"簇状条形图",单击"确定"按钮。

2. 设置绘图区格式。

选择图表,执行【数据透视图工具/布局】→【背景】→【绘图区】→【其他绘图区选项】命令,在弹出的"设置绘图区格式"对话框中选择"填充"栏下的"纯色填充"单选按钮,在颜色中选择"水绿色　强调文字颜色5,淡色80%"。

3. 设置图表区域格式。

选择图表,执行【数据透视图工具/格式】→【形状样式】→【形状填充】命令,在颜色中选择"橙色,强调文字颜色6,淡色60%"。设置完成后的效果如图14.12所示。

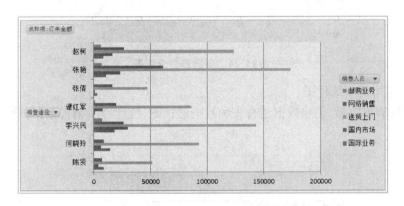

图14.12　数据透视图

 课后练习

1. 制作固定资产分析表。

制作如图14.13所示的固定资产分析卡片。要求根据固定资产分析卡片数据创建数据透视表和数据透视图,行标签为固定资产名称,列标签为产品名称,数值为本年折旧率。制作完成后的效果如图14.14所示。

卡片编号	固定资产编号	固定资产名称	规格型号	部门名称	开始使用日期	预计使用年数	当前日期	已提折旧月份	已提折旧年份	本年已提月份	原值	净残值率	净残值	本年折旧额
0001	211001	离心泵	WZ101	车间	2005/2/10	10	2010/5/31	63	5.25	10	40000.00	0.005	200.00	3316.67
0002	212001	厂房	砖混结构	厂部	2005/2/25	20	2010/5/31	63	5.25	10	1000000.00	0.005	5000.00	41458.33
0003	212002	办公楼	砖混结构	厂部	2006/3/5	20	2010/5/31	50	4.17	10	500000.00	0.005	2500.00	35815.52
0004	214004	货车	LC4600	销售部	2006/5/15	10	2010/5/31	48	4.00	10	80000.00	0.005	400.00	6633.33
0005	216001	电脑	AF706	人事部	2007/5/10	5	2010/5/31	36	3.00	10	4500.00	0.005	22.50	648.00
0006	210001	空调	HR501	财务部	2004/5/15	5	2010/5/31	72	6.00	10	5000.00	0.005	25.00	---
0007	210002	电脑	AF706	人事部	2009/1/10	8	2010/5/31	16	1.33	9	3800.00	0.005	19.00	354.47
0008	212003	轿车	Z2526	厂部	2009/3/2	20	2010/5/31	14	1.17	7	200000.00	0.005	1000.00	5804.17

图14.13　固定资产卡片

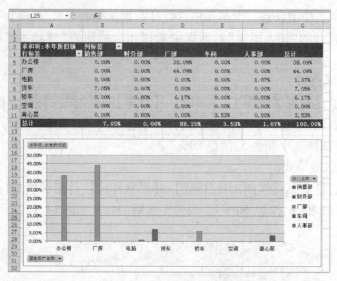

图 14.14　固定资产分析表

2. 制作销售清单统计图。

根据销售清单数据,创建数据透视表和数据透视图,统计产品销售数据,效果如图 14.15 所示。

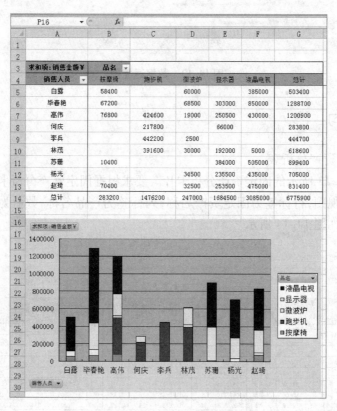

图 14.15　销售清单统计图

项目小结

　　本项目通过制作"产品销量统计表""产品订单表""固定资产分析表"和"销售清单统计图"等,使读者学会使用 Excel 2010 的数据透视表和数据透视图来统计、分析数据,掌握数据透视表和数据透视图的创建方法,学会调整数据透视表和数据透视图位置和大小,能添加字段到数据透视表和数据透视图中。

　　读者在学会项目案例制作的同时,能够活学活用到实际工作生活中,善于应用数据透视表和数据透视图工具来统计分析、数据。

项目十五

员工业务统计表的制作

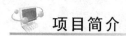

项目简介

在日常生活、工作中经常会产生大量的数据,对这些数据的登记和统计是一件费时费力的事情,利用 Excel 2010 提供的函数计算功能,可以使繁杂的数据整理工作变得轻松。如图15.1 所示就是利用 Excel 软件制作出来的员工业务统计表。

工号	性别	产品1			产品2			产品3			销售利润
		成本价	销售价	销售数量	成本价	销售价	销售数量	成本价	销售价	销售数量	
2018001	男	150	195	180	279	300	200	447	550	80	20540
2018002	女	150	201	153	279	350	171	447	500	95	24979
2018003	女	150	188	54	279	299	220	447	490	245	16987
2018004	男	150	230	36	279	340	80	447	520	100	15060
2018005	女	150	155	227	279	365	100	447	510	160	19815
2018006	男	150	181	72	279	380	70	447	525	170	22562
2018007	女	150	198	90	279	310	190	447	505	300	27610
2018008	男	150	192	66	279	305	175	447	530	95	15207
2018009	男	150	210	40	279	340	66	447	540	85	14331
2018010	女	150	169	210	279	336	95	447	550	75	17130
2018011	男	150	220	76	279	349	80	447	470	350	18970
2018012	男	150	244	45	279	320	90	447	480	320	18480
2018013	男	150	189	180	279	300	240	447	489	360	27180
2018014	女	150	200	75	279	356	110	447	505	240	26140

销售利润总值	284991		性别	男	女
销售利润平均值	20356.5		人数	8	6
最高个人销售利润	27610		产品1销售数量	695	809
最低个人销售利润	14331		产品2销售数量	1001	886
			产品3销售数量	1560	1115
			个人销售利润平均值	19041.25	22110.16667

图 15.1　员工业务统计表

知识点导入

1. 合并单元格:选取要合并的单元格区域,执行【开始】→【对齐方式】→【合并后居中】命令。

2. 插入函数:执行【公式】→【函数库】→【插入函数】命令。

3. 设置单元格格式：执行【开始】→【单元格】→【格式】→【设置单元格格式】命令。

4. 调整单元格的行高或列宽：可按住鼠标左键手动拖曳，也可执行【开始】→【单元格】→【格式】→【行高】（或【列宽】）命令调整高度（或宽度）。

5. 设置条件格式：单击【开始】→【样式】→【条件格式】→【数据条】命令。

 解决方案

任务1　新建工作簿

1. 启动 Excel 2010，新建空白工作簿。

2. 将新建的工作簿保存在桌面上，文件名为"员工业务统计表"。

任务2　录入表格

1. 录入表格。

（1）在 A1 单元格中录入表格，标题为"员工业务统计表"。

（2）在 A2、B2、C2、F2、I2、L2 单元格中分别录入"工号""性别""产品1""产品2""产品3""销售利润"。

（3）在 C3：E3、F3：H3、I3：K3 单元格区域中分别录入"成本价""销售价""销售数量"，对 F3：H3、I3：K3 进行同样操作。

（4）在 A4：K17 单元格区域中录入相应数据，如图 15.2 所示。

	A	B	C	D	E	F	G	H	I	J	K	L	M
1	员工业务统计表												
2	工号	性别	产品1			产品2			产品3			销售利润	
3			成本价	销售价	销售数量	成本价	销售价	销售数量	成本价	销售价	销售数量		
4	2018001	男	150	195	180	279	300	200	447	550	80		
5	2018002	女	150	201	153	279	350	171	447	500	95		
6	2018003	女	150	188	54	279	299	220	447	490	245		
7	2018004	男	150	230	36	279	340	80	447	520	100		
8	2018005	男	150	155	227	279	365	100	447	510	160		
9	2018006	男	150	181	72	279	380	70	447	525	170		
10	2018007	男	150	198	90	279	310	190	447	505	300		
11	2018008	女	150	192	66	279	305	175	447	530	95		
12	2018009	男	150	210	40	279	340	66	447	540	85		
13	2018010	女	150	169	210	279	336	95	447	550	75		
14	2018011	男	150	220	76	279	349	80	447	470	350		
15	2018012	男	150	244	45	279	320	90	447	480	320		
16	2018013	男	150	189	180	279	300	240	447	489	360		
17	2018014	女	150	200	75	279	356	110	447	505	240		
18													

图 15.2　录入数据

 技能加油站

在连续的多个单元格中录入相同的或有连续关系的数值时，可以利用自动填充功能快捷准确地录入。

2. 编辑表格。

（1）分别选取 A1：L1、A2：A3、B2：B3、C2：E2、F2：H2、I2：K2、L2：L3 单元格区域，依次执行【开始】→【对齐方式】→【合并后居中】命令。

（2）选取 A1：L17 单元格区域，执行【开始】→【对齐方式】→【垂直居中】和【居中】命令，使数据在单元格内居中对齐。

 技能加油站

在单元格中想让数据占两行，可按组合键【Alt】+【Enter】键。

任务 3　数据统计

1. 核算"销售利润"。

（1）销售利润 =（产品 1 的销售价－产品 1 的成本价）＊产品 1 的销售数量 +（产品 2 的销售价－产品 2 的成本价）＊产品 2 的销售数量 +（产品 3 的销售价－产品 3 的成本价）＊产品 3 的销售数量。选中 L4 单元格，在编辑栏中录入" =（D4－C4）＊E4 +（G4－F4）＊H4 +（J4－I4）＊K4"，按【Enter】键得到计算结果。

（2）依次在 L5：L17 单元格区域中计算各员工销售利润。

2. 统计数据。

（1）选取 A20：B20、A21：B21、A22：B22、A23：B23 单元格区域，分别进行合并单元格，并分别录入"销售利润总值""销售利润平均值""最高个人销售利润""最低个人销售利润"。

（2）计算"销售利润总值"：单击选中 C20 单元格，执行【开始】→【编辑】→【自动求和】命令，在单元格中出现函数公式，将函数公式修改为" =SUM（L4：L17）"，按【Enter】键得到计算结果。

 技能加油站

在函数公式中修改计算范围，可以在单元格范围上利用鼠标左键拖动来选取。

（3）计算"销售利润平均值"：单击选中 C21 单元格，执行【开始】→【编辑】→【自动求和】→【平均值】命令，在单元格中出现函数公式，将函数公式修改为" =AVERAGE（L4：L17）"，按【Enter】键得到计算结果。

（4）计算"最高个人销售利润"：单击选中 C22 单元格，执行【开始】→【编辑】→【自动求和】→【最大值】命令，在单元格中出现函数公式，将函数公式修改为" =MAX（L4：L17）"，按【Enter】键得到计算结果。

（5）计算"最低个人销售利润"：单击选中 C23 单元格，执行【开始】→【编辑】→【自动求和】→【最小值】命令，在单元格中出现函数公式，将函数公式修改为" =MIN（L4：L17）"，按【Enter】键得到计算结果。

（6）在 E20、F20、G20 单元格中分别录入"性别""男""女"；在 E21、E22、E23、E24、E25 单元格中分别录入"人数""产品 1 销售数量""产品 2 销售数量""产品 3 销售数量""个人销售利润平均值"。

（7）依据性别计算"人数"：单击选中 F21 单元格，执行【公式】→【函数库】→【插入函数】命令，出现"插入函数"对话框，如图 15.3 所示。在"搜索函数"下的文本框中输入函数名称"COUNTIF"，单击"转到"按钮，选择函数，单击"确定"按钮，出现"函数参数"对话框，在"Range"项中输入"B4：B17"，在"Criteria"项中输入""男""，如图 15.4 所示，单击"确定"按钮，得到男员工人数；在 G21 单元格中利用 COUNTIF 函数计算女员工人数。

图 15.3　"插入函数"对话框

图 15.4　COUNTIF 的"函数参数"对话框

（8）依据性别计算"产品 1 销售数量"：单击选中 F22 单元格，执行【公式】→【函数库】→【插入函数】命令，弹出"插入函数"对话框。在"搜索函数"下的文本框中输入函数名称"SUMIF"，单击"转到"按钮，选择函数，单击"确定"按钮，出现"函数参数"对话框，在"Range"项中输入"B4：B17"，在"Criteria"项中输入""男""，在"Sum_range"项中输入"E4：E17"，如图 15.5 所示，单击"确定"按钮，得到男员工产品 1 销售数量；在 G22 单元格中利用 SUMIF 函数计算女员工产品 1 销售数量。

图 15.5　SUMIF 的"函数参数"对话框

（9）依据性别计算"产品2销售数量"：在F23、G23单元格中利用SUMIF函数分别计算男女员工产品2销售数量。

（10）依据性别计算"产品3销售数量"：在F24、G24单元格中利用SUMIF函数分别计算男女员工产品3销售数量。

（11）依据性别计算"个人销售利润平均值"：单击选中F25单元格，执行【公式】→【函数库】→【插入函数】命令，出现"插入函数"对话框。在"搜索函数"下的文本框中输入函数名称"AVERAGEIF"，单击"转到"按钮，选择函数，单击"确定"按钮，出现"函数参数"对话框，在"Range"项中输入"B4：B17"，在"Criteria"项中输入""男""，在"Average_range"项中输入"L4：L17"，如图15.6所示，单击"确定"按钮，得到男员工个人销售利润平均值；在G25单元格中利用SUMIF函数计算女员工个人销售利润平均值。

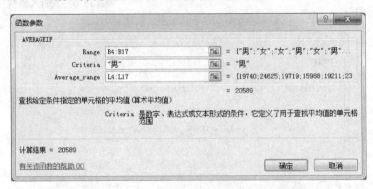

图15.6　AVERAGEIF"函数参数"对话框

 技能加油站

利用编辑栏中单击"插入函数"按钮 f_x，可以快捷地打开"插入函数"对话框。

任务4　美化表格

1. 设置A1单元格字体为"华文楷体""20磅""加粗"；A2：L17单元格区域字体为"宋体""12磅"。

2. 设置A1单元格行高为"30磅"；C2：K3单元格区域行高为"15磅"；A4：L17单元格区域行高为"15磅"、列宽为"10磅"；A20：G25单元格区域行高为"30磅"，数据水平垂直居中。

3. 为A1：L17单元格区域添加内部细实线、外部粗实线的边框；为A2：L3单元格区域添加"橄榄色，强调文字颜色3，淡色60%"的底纹。

4. 选取L4：L17单元格区域，执行【开始】→【样式】→【条件格式】→【数据条】→【渐变填充】→

图15.7　条件格式

【绿色数据条】命令,如图 15.7 所示。

 拓展项目

制作如图 15.8 所示的竞赛成绩统计表。

	A	B	C	D	E	F	G
1	竞赛成绩统计表						
2	队号	选手号	初赛成绩	复赛成绩	决赛成绩	总成绩	单场平均成绩
3	X	1	89	78	79	246	82
4	X	4	78	65	63	206	68.7
5	X	3	96	87	81	264	88
6	K	2	67	73	69	209	69.7
7	K	5	85	92	76	253	84.3
8	K	1	74	85	82	241	80.3
9	X	2	91	79	73	243	81
10	K	3	82	66	91	239	79.7
11	X	4	77	69	83	229	76.3
12							
13							
14							
15			总成绩最高分	264			
16			总成绩最低分	206			
17			参赛人数	9			
18			K队选手人数	5			
19			X队选手人数	4			
20			K队总成绩之和	1148			
21			X队总成绩之和	982			
22			K队总成绩平均分	229.6			
23			X队总成绩平均分	245.5			
24							

图 15.8　竞赛成绩统计表

操作步骤如下:

1. 启动 Excel 2010,新建空白工作簿。

2. 将新建的工作簿保存在桌面上,文件名为"竞赛成绩统计表"。

3. 在 A1:G23 单元格区域中相应位置录入数据,如图 15.9 所示。

	A	B	C	D	E	F	G	H
1	竞赛成绩统计表							
2	队号	选手号	初赛成绩	复赛成绩	决赛成绩	总成绩	单场平均成绩	
3	X	1	89	78	79			
4	K	4	78	65	63			
5	X	3	96	87	81			
6	K	2	67	73	69			
7	K	5	85	92	76			
8	K	1	74	85	82			
9	X	2	91	79	73			
10	K	3	82	66	91			
11	X	4	77	69	83			
12								
13								
14								
15			总成绩最高分					
16			总成绩最低分					
17			参赛人数					
18			K队选手人数					
19			X队选手人数					
20			K队总成绩之和					
21			X队总成绩之和					
22			K队总成绩平均分					
23			X队总成绩平均分					
24								

图 15.9　录入数据

4. 设置 A2:G23 单元格区域的列宽为"18 磅"、行高为"15 磅",数据水平垂直居中。

5. 数据统计。

（1）选中 F3 单元格，单击【开始】→【编辑】→【自动求和】命令，将函数公式修改为"=SUM（C3：E3）"，按【Enter】键得到计算结果，利用同样的方法，计算 F4：F11 单元格区域中各选手总成绩。

（2）选中 G3 单元格，单击【开始】→【编辑】→【自动求和】→【平均值】命令，将函数公式修改为"=AVERAGE（C3：E3）"，按【Enter】键得到计算结果，利用同样的方法，计算 F4：F11 单元格区域中各选手单场平均成绩。

技能加油站

可以利用自动填充功能实现函数格式的复制，更加快速地完成对于其他选手成绩的统计。

（3）选中 D15 单元格，单击【开始】→【编辑】→【自动求和】→【最大值】命令，将函数公式修改为"=MAX（F3：F11）"，按【Enter】键得到计算结果。

（4）选中 D16 单元格，单击【开始】→【编辑】→【自动求和】→【最小值】命令，将函数公式修改为"=MIN（F3：F11）"，按【Enter】键得到计算结果。

（5）选中 D17 单元格，单击【开始】→【编辑】→【自动求和】→【计数】命令，将函数公式修改为"=COUNT（B3：B11）"，按【Enter】键得到计算结果。

（6）选中 D18 单元格，执行【公式】→【函数库】→【插入函数】命令，利用 COUNTIF 函数的"函数参数"对话框，在"Range"项中输入"A3：A11"，在"Criteria"项中输入""K""，如图 15.10所示，单击"确定"按钮，得到计算结果；在 D19 单元格中利用 COUNTIF 函数计算结果。

（7）选中 D20 单元格，执行【公式】→【函数库】→【插入函数】命令，利用 SUMIF 函数的"函数参数"对话框，在"Range"项中输入"A3：A11"，在"Criteria"项中输入""K""，在"Sum_range"项中输入"F3：F11"，如图 15.11 所示，单击"确定"按钮，得到计算结果；在 D21 单元格中利用 SUMIF 函数计算结果。

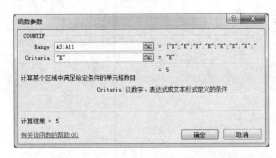

图 15.10　COUNTIF 的"函数参数"对话框

图 15.11　SUMIF 的"函数参数"对话框

（8）选中 D22 单元格，执行【公式】→【函数库】→【插入函数】命令，利用 AVERAGEIF 函数的"函数参数"对话框，在"Range"项中输入"A3：A11"，在"Criteria"项中输入""K""，在"Average_range"项中输入"F3：F11"，如图 15.12 所示，单击"确定"按钮，得到计算结果；在

D23 单元格中利用 AVERAGEIF 函数计算结果。

图 15.12　AVERAGEIF 的"函数参数"对话框

6. 选取 A1：G1 单元格区域，并合并后居中，设置行高为"30 磅"，字体设为"黑体""16 磅""加粗"，添加底纹 12.5% 灰色；选取 A1：G12 单元格区域，添加内部细实线、外部双线的边框。

 课后练习

1. 制作员工工资统计表，效果如图 15.13 所示。

图 15.13　员工工资统计表

2. 制作学生成绩统计表,效果如图 15.14 所示。

	A	B	C	D	E	F	G	H	I
1	期末成绩表								
2	学号	性别	年龄	语文	数学	英语	哲学	计算机	体育
3	GZ0001	男	18	84	91	90	优	93	97
4	GZ0002	女	20	95	84	70	优	72	98
5	GZ0003	男	18	90	82	82	良	70	95
6	GZ0004	男	19	88	71	91	优	87	97
7	GZ0005	女	20	91	73	78	优	86	85
8	GZ0006	男	19	65	85	50	优	72	92
9	GZ0007	女	20	87	90	75	优	71	98
10	GZ0008	女	19	82	68	89	优	83	61
11	GZ0009	男	20	93	84	82	优	80	89
12	GZ0010	女	20	89	76	92	良	82	97
13	GZ0011	男	18	80	63	79	优	82	90
14	GZ0012	女	19	82	88	93	良	70	80
15									
16									
17	男生人数		女生人数						
18									
19		全班总分	全班平均分	全班最高分	全班最低分	男生总分	女生总分	男生平均分	女生平均分
20	语文								
21	数学								
22	英语								
23									

	A	B	C	D	E	F	G	H	I
1				期末成绩表					
2	学号	性别	年龄	语文	数学	英语	哲学	计算机	体育
3	GZ0001	男	18	84	91	90	优	93	97
4	GZ0002	女	20	95	84	70	优	72	98
5	GZ0003	男	18	90	82	82	良	70	95
6	GZ0004	男	19	88	71	91	优	87	97
7	GZ0005	女	20	91	73	78	优	86	85
8	GZ0006	男	19	65	85	50	优	72	92
9	GZ0007	女	20	87	90	75	优	71	98
10	GZ0008	女	19	82	68	89	优	83	61
11	GZ0009	男	20	93	84	82	优	80	89
12	GZ0010	女	20	89	76	92	良	82	97
13	GZ0011	男	18	80	63	79	优	82	90
14	GZ0012	女	19	82	88	93	良	70	80
15									
16									
17	男生人数	6	女生人数	6					
18									
19		全班总分	全班平均分	全班最高分	全班最低分	男生总分	女生总分	男生平均分	女生平均分
20	语文	1026	85.5	95	65	500	526	83.3	87.7
21	数学	955	79.6	91	63	476	479	79.3	79.8
22	英语	971	80.9	93	50	474	497	79	82.8
23									

图 15.14　学生成绩统计表

 项目小结

　　本项目通过"员工业务统计表""竞赛成绩统计表""员工工资统计表"以及"学生成绩统计表"等工作簿的制作,使读者学会自动求和、进行函数统计、设置单元格格式化、设置条件格式等。读者在学会项目案例制作的同时,能够活学活用到实际工作生活中,迅速完成数据统计工作。

项目十六

小区业主信息管理表的制作

 项目简介

小区业主信息资料管理是小区物业管理部门的一项重要工作。科学、有效地管理业主信息,不仅能提高日常工作效率,同时还能提高小区物业管理水平。如图 16.1 所示就是利用 Excel 软件制作的小区业主信息管理表。

小区业主信息管理表

物业编号	房号	楼宇名称	楼层	房屋类型	业主姓名	购房合同号	配备设施	房屋状态	建筑面积	使用面积	公用面积	备注
GH80001	A-101	A栋	1	商用	李小明	JS0093483	两通	入住	89.8	78.4	11.4	
GH80002	A-102	A栋	1	住宅	张凤云	JS9084392	三通	入住	105.4	99.3	6.1	
GH80003	A-103	A栋	1	住宅	丁道沙	JS8593028	三通	入住	105.4	99.3	6.1	
GH80004	A-104	A栋	1	商用	韩亮	JS3729493	四通	入住	118.2	101.2	17	
GH80005	A-201	A栋	2	住宅	蔡少云	JS6592642	三通	入住	105.4	99.3	6.1	
GH80006	A-202	A栋	2	商用	杨思勒	JS6492748	三通	入住	105.4	99.3	6.1	
GH80007	A-203	A栋	2	住宅	张清华	JS6483683	四通	入住	118.2	101.2	17	
GH80008	A-204	A栋	2	商用	丁华丰	JS3648923	四通	入住	118.2	101.2	17	
GH80009	B-101	B栋	1	商用	李庆利	JS6820583	四通	入住	118.2	101.2	17	
GH80010	B-102	B栋	1	商用	毛资源	JS9730284	四通	入住	118.2	101.2	17	
GH80011	B-103	B栋	1	住宅	李红景	JS8352740	四通	入住	118.2	101.2	17	
GH80012	B-104	B栋	1	住宅	张大千	JS4378392	两通	入住	89.8	78.4	11.4	
GH80013	B-201	B栋	2	住宅	赵飞天	JS7497394	三通	入住	105.4	99.3	6.1	
GH80014	B-202	B栋	2	商用	陶天天	JS7486284	四通	入住	118.2	101.2	17	
GH80015	B-203	B栋	2	住宅	刘德华	JS8473943	两通	入住	89.8	78.4	11.4	
GH80016	B-204	B栋	2	商用	刘昕	JS8767489	四通	入住	118.2	101.2	17	
GH80017	C-101	C栋	1	住宅	王天明	JS8448592	四通	入住	118.2	101.2	17	
GH80018	C-102	C栋	1	商用	张国文	JS8473402	两通	入住	89.8	78.4	11.4	
GH80019	C-103	C栋	1	商用	杨列英	JS7362940	三通	入住	105.4	99.3	6.1	
GH80020	C-104	C栋	1	住宅	陈伯远	JS8476590	四通	入住	118.2	101.2	17	
GH80021	C-201	C栋	2	住宅	赵明亮	JS8465972	两通	入住	89.8	78.4	11.4	
GH80022	C-202	C栋	2	住宅	丁乃新	JS7364920	四通	入住	118.2	101.2	17	
GH80023	C-203	C栋	2	商用	毛沐沐	JS6254826	两通	入住	89.8	78.4	11.4	
GH80024	C-204	C栋	2	住宅	郑关东	JS6836849	四通	入住	118.2	101.2	17	

图 16.1 小区业主基本信息表

 知识点导入

1. IF 函数的使用。

根据指定的条件来判断其"真"(TRUE)、"假"(FALSE),根据逻辑计算的真假值,从而返回相应的内容。可以使用函数 IF 对数值和公式进行条件检测。格式如下:

IF(logical_test,value_if_true,value_if_false);

其中,Logical_test 表示计算结果为 TRUE 或 FALSE 的任意值或表达式;Value_if_true 表示 logical_test 为 TRUE 时返回的值;Value_if_false 表示 logical_test 为 FALSE 时返回的值。

2. VLOOKUP 函数的使用。

VLOOKUP 函数是 Excel 中的一个纵向查找函数,它与 LOOKUP 函数和 HLOOKUP 函数属于一类函数,在工作中都有广泛应用。

该函数的语法规则如下:

VLOOKUP(lookup_value,table_array,col_index_num,range_lookup);

参　　数	简单说明	输入数据类型
lookup_value	lookup_value	lookup_value
table_array	table_array	table_array
col_index_num	返回数据在查找区域的第几列数	正整数
range_lookup	模糊匹配/精确匹配	TRUE(或不填)/FALSE

 解决方案

任务1　新建文档

1. 启动 Excel 2010,新建空白工作簿。

2. 将新建的工作簿保存在桌面上,文件名为"小区业主基本信息表"。

任务2　输入表格相关内容

1. 创建基本框架。

(1) 在 A1 单元格中输入"小区业主信息管理表"。

(2) 在 A2:M2 单元格区域中分别输入表格各个字段的标题内容,如图 16.2 所示。

小区业主信息管理表												
物业编号	房号	楼宇名称	楼层	房屋类型	业主姓名	购房合同号	配备设施	房屋状态	建筑面积	使用面积	公用面积	备注

图 16.2 "小区业主信息管理表"标题字段

2. 输入"物业编号"。

(1) 在 A3 单元格中输入物业编号"GH80001"。

(2) 选中 A3 单元格,按住鼠标左键拖曳其右下角的填充句柄至 A26 单元格,填充后的"物业编号"数据如图 16.3 所示。

3. 输入"房号""楼宇名称"和"楼层"。

(1) 输入"房号"。

(2) 输入"楼宇名称"。

① 选中 C3 单元格。

② 输入公式 = MID(B3,1,1)&"栋"。

③ 按【Enter】键确认,填充出相应的楼宇名称。

④ 选中 C3 单元格,用鼠标拖曳其填充句柄至 C26 单元格,将公式复制到 C4:C26 单元格区域中,可填充出所有的楼宇名称,如图 16.4 所示。

物业编号	房号
GH80001	
GH80002	
GH80003	
GH80004	
GH80005	
GH80006	
GH80007	
GH80008	
GH80009	
GH80010	
GH80011	
GH80012	
GH80013	
GH80014	
GH80015	
GH80016	
GH80017	
GH80018	
GH80019	
GH80020	
GH80021	
GH80022	
GH80023	
GH80024	

图 16.3　填充后的"物业编号"

物业编号	房号	楼宇名称	楼层
GH80001	A-101	A栋	
GH80002	A-102	A栋	
GH80003	A-103	A栋	
GH80004	A-104	A栋	
GH80005	A-201	A栋	
GH80006	A-202	A栋	
GH80007	A-203	A栋	
GH80008	A-204	A栋	
GH80009	B-101	B栋	
GH80010	B-102	B栋	
GH80011	B-103	B栋	
GH80012	B-104	B栋	
GH80013	B-201	B栋	
GH80014	B-202	B栋	
GH80015	B-203	B栋	
GH80016	B-204	B栋	
GH80017	C-101	C栋	
GH80018	C-102	C栋	
GH80019	C-103	C栋	
GH80020	C-104	C栋	
GH80021	C-201	C栋	
GH80022	C-202	C栋	
GH80023	C-203	C栋	
GH80024	C-204	C栋	

图 16.4　输入"楼宇名称"

（3）输入"楼层"。

① 选中 D3 单元格。

② 执行【公式】→【函数库】→【插入函数】命令，弹出"插入函数"对话框，如图 16.5 所示。

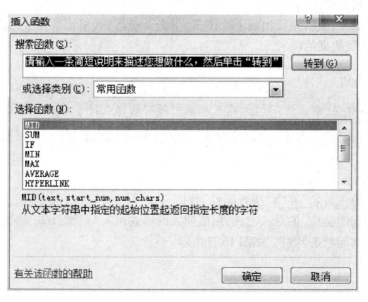

图 16.5　"插入函数"对话框

③ 找到"MID"函数,单击"确定"按钮,弹出"函数参数"对话框,在"Text"文本框中输入"B3",在"Start_num"文本框中输入"3",在"Num_chars"文本框中输入"1",如图 16.6 所示。

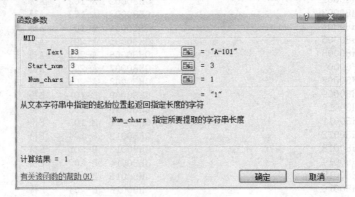

图 16.6　MID 函数对话框

④ 单击"确定"按钮,填充出相应的楼层。

⑤ 选中 D3 单元格,用鼠标拖曳其填充句柄至 D26 单元格,将公式复制到 D4：D26 单元格区域中,可填充出所有的楼层。

4. 输入"房屋类型"。

(1) 为"房屋类型"设置有效数据序列。

① 选中 E3：E26 单元格区域。

② 执行【数据】→【数据工具】→【数据有效性】命令,弹出"数据有效性"对话框。

③ 在"设置"选项卡中,单击"允许"右侧的下拉按钮,在弹出的下拉列表中选择"序列"选项,在下面"来源"框中输入"住宅,商用",并选中"提供下拉箭头"选项。

(2) 输入"房屋类型"。

选中 E3 单元格,其右侧将出现下拉按钮,单击下拉按钮,可出现需要选择的内容,单击列表中的值可实现数据的输入。

技能加油站

　　在输入函数里,前面的"＝"号以及函数中所有的标点符号都要用英文半角,否则容易出现错误。

5. 输入其他业主信息。

(1) 录入"业主姓名"和"购房合同号"数据。

(2) 参照"房屋类型"的录入方式,用值列表的形式录入"配套设施"的数据。

(3) 录入"房屋状态"数据,如图 16.7 所示。

小区业主信息管理表										
物业编号	房号	楼宇名称	楼层	房屋类型	业主姓名	购房合同号	配备设施	房屋状态	建筑面积	使用面积
GH80001	A-101	A栋	1	商用	李小明	JS0093483	两通	入住		
GH80002	A-102	A栋	1	住宅	张凤去	JS9084392	三通	入住		
GH80003	A-103	A栋	1	住宅	丁道沙	JS8593028	三通	入住		
GH80004	A-104	A栋	1	商用	韩亮	JS3729493	四通	入住		
GH80005	A-201	A栋	2	住宅	蔡少云	JS6592642	三通	入住		
GH80006	A-202	A栋	2	商用	杨思敏	JS6492748	三通	入住		
GH80007	A-203	A栋	2	住宅	张清华	JS6483683	四通	入住		
GH80008	A-204	A栋	2	商用	丁华丰	JS3648923	四通	入住		
GH80009	B-101	B栋	1	商用	李庆利	JS6820583	四通	入住		
GH80010	B-102	B栋	1	商用	毛资源	JS9730284	四通	入住		
GH80011	B-103	B栋	1	住宅	李红景	JS8352740	四通	入住		
GH80012	B-104	B栋	1	住宅	张大千	JS4378392	两通	入住		
GH80013	B-201	B栋	2	住宅	赵飞天	JS7497394	三通	入住		
GH80014	B-202	B栋	2	商用	陶天天	JS7486284	四通	入住		
GH80015	B-203	B栋	2	住宅	刘德华	JS8473943	两通	入住		
GH80016	B-204	B栋	2	商用	刘昕	JS8767489	四通	入住		
GH80017	C-101	C栋	1	住宅	王天明	JS8448592	四通	入住		
GH80018	C-102	C栋	1	商用	张国文	JS8473402	两通	入住		
GH80019	C-103	C栋	1	商用	杨列英	JS7362940	三通	入住		
GH80020	C-104	C栋	1	住宅	陈伯远	JS8476590	四通	入住		
GH80021	C-201	C栋	2	住宅	赵明亮	JS8465972	两通	入住		
GH80022	C-202	C栋	2	住宅	丁乃新	JS7364920	四通	入住		
GH80023	C-203	C栋	2	商用	毛沫沫	JS6254826	两通	入住		
GH80024	C-204	C栋	2	住宅	郑关东	JS6836849	四通	入住		

图 16.7 录入部分业主信息

6. 计算"建筑面积"和"使用面积"数据。

（1）录入"建筑面积"的数据。

① 选中 J3 单元格。

② 输入公式" = IF(H3 ="两通","89.8",IF(H3 ="三通","105.4","118.2"))"。

③ 按【Enter】键确定,计算出相应的建筑面积。

④ 选中 J3 单元格,用鼠标拖曳其填充句柄至 J26 单元格,将公式复制到 J4：J26 单元格区域中,可计算出所有的建筑面积,如图 16.8 所示。

（2）录入"使用面积"。

参照录入"建筑面积"的数据,公式为" = IF(H3 ="两通","78.4",IF(H3 ="三通","99.3","101.2"))",计算后的数据如图 16.8 所示。

小区业主信息管理表											
物业编号	房号	楼宇名称	楼层	房屋类型	业主姓名	购房合同号	配备设施	房屋状态	建筑面积	使用面积	公用面积
GH80001	A-101	A栋	1	商用	李小明	JS0093483	两通	入住	89.8	78.4	
GH80002	A-102	A栋	1	住宅	张凤去	JS9084392	三通	入住	105.4	99.3	
GH80003	A-103	A栋	1	住宅	丁道沙	JS8593028	三通	入住	105.4	99.3	
GH80004	A-104	A栋	1	商用	韩亮	JS3729493	四通	入住	118.2	101.2	
GH80005	A-201	A栋	2	住宅	蔡少云	JS6592642	三通	入住	105.4	99.3	
GH80006	A-202	A栋	2	商用	杨思敏	JS6492748	三通	入住	105.4	99.3	
GH80007	A-203	A栋	2	住宅	张清华	JS6483683	四通	入住	118.2	101.2	
GH80008	A-204	A栋	2	商用	丁华丰	JS3648923	四通	入住	118.2	101.2	
GH80009	B-101	B栋	1	商用	李庆利	JS6820583	四通	入住	118.2	101.2	
GH80010	B-102	B栋	1	商用	毛资源	JS9730284	四通	入住	118.2	101.2	
GH80011	B-103	B栋	1	住宅	李红景	JS8352740	四通	入住	118.2	101.2	
GH80012	B-104	B栋	1	住宅	张大千	JS4378392	两通	入住	89.8	78.4	
GH80013	B-201	B栋	2	住宅	赵飞天	JS7497394	三通	入住	105.4	99.3	
GH80014	B-202	B栋	2	商用	陶天天	JS7486284	四通	入住	118.2	101.2	
GH80015	B-203	B栋	2	住宅	刘德华	JS8473943	两通	入住	89.8	78.4	
GH80016	B-204	B栋	2	商用	刘昕	JS8767489	四通	入住	118.2	101.2	
GH80017	C-101	C栋	1	住宅	王天明	JS8448592	四通	入住	118.2	101.2	
GH80018	C-102	C栋	1	商用	张国文	JS8473402	两通	入住	89.8	78.4	
GH80019	C-103	C栋	1	商用	杨列英	JS7362940	三通	入住	105.4	99.3	
GH80020	C-104	C栋	1	住宅	陈伯远	JS8476590	四通	入住	118.2	101.2	
GH80021	C-201	C栋	2	住宅	赵明亮	JS8465972	两通	入住	89.8	78.4	
GH80022	C-202	C栋	2	住宅	丁乃新	JS7364920	四通	入住	118.2	101.2	
GH80023	C-203	C栋	2	商用	毛沫沫	JS6254826	两通	入住	89.8	78.4	
GH80024	C-204	C栋	2	住宅	郑关东	JS6836849	四通	入住	118.2	101.2	

图 16.8 录入"建筑面积"和"使用面积"

7. 计算"公用面积"。

（1）选中 L3 单元格。

（2）输入公式"= J3 – K3"。

（3）按【Enter】键确认，计算出相应的公用面积。

（4）选中 L3 单元格，用鼠标拖曳其填充句柄至 L26，将公式复制到 L4：L26 单元格区域中，可计算出所有的公用面积。

任务3　格式化业主信息管理表

1. 设置标题。

选中 A1：M1 单元格区域，将标题"小区业主信息管理表"合并及居中，字体设置为"宋体""22 磅""加粗"。

2. 设置整个数据区域格式。

（1）选中 A2：M26 单元格区域。

（2）单击【开始】→【样式】→【套用表格样式】命令，在下拉列表中选择"中等深浅"中的"表样式中等深浅 4"，设置完成后的效果如图 16.1 所示。

拓展项目

小区物业费用管理是小区物业管理的一个重要组成部分。小区物业费用的收取是决定小区物业管理能否正常进行的一项重要因素。简化、规范物业费用的管理，有利于降低物业管理的成本，提高物业管理的效率。如图 16.9 所示就是利用 Excel 软件制作出来的小区物业费用管理表。

		水				电				气				管理	
物业编号	业主姓名	本月读数	上月读数	实用数	金额	本月读数	上月读数	实用数	金额	本月读数	上月读数	实用数	金额	建筑面积	金额
GH80001	李小明	55	43	12	25.8	157	100	57	30.21	87	34	53	164.3	89.8	134.7
GH80002	张凤去	56	34	22	47.3	187	153	34	18.02	78	23	55	170.5	105.4	126.48
GH80003	丁道沙	43	23	20	43	169	142	47	24.91	89	35	54	167.4	105.4	126.48
GH80004	郭亮	67	60	7	15.05	198	147	51	27.03	91	45	46	142.6	118.2	177.3
GH80005	蔡少云	36	20	16	34.4	200	140	60	31.8	94	67	27	83.7	105.4	126.48
GH80006	杨思敏	85	70	15	32.25	183	142	41	21.73	85	28	57	176.7	105.4	158.1
GH80007	张清华	93	75	18	38.7	152	96	56	29.68	94	36	58	179.8	118.2	141.84
GH80008	丁华丰	25	13	12	25.8	320	290	30	15.9	48	46	43	133.3	118.2	177.3
GH80009	李庆利	87	72	15	32.25	190	151	39	20.67	93	45	48	148.8	118.2	177.3
GH80010	毛资源	98	73	25	53.75	187	120	67	35.51	95	36	59	182.9	118.2	177.3
GH80011	李红景	53	40	13	27.95	150	95	55	29.15	84	57	27	83.7	118.2	141.84
GH80012	张大千	61	50	11	23.65	147	102	45	23.85	89	50	39	120.9	89.8	107.76
GH80013	赵飞天	76	63	13	27.95	153	112	41	21.73	84	56	28	86.8	105.4	126.48
GH80014	陶天天	87	53	13	53.53	148	110	38	20.14	78	71	7	21.7	118.2	177.3
GH80015	刘德华	83	52	31	66.65	134	101	33	17.49	90	45	45	139.5	89.8	107.76
GH80016	刘昕	75	62	13	27.95	145	112	33	17.49	84	56	28	86.8	118.2	177.3
GH80017	王天明	75	50	25	53.75	245	190	55	29.15	84	35	49	151.9	118.2	141.84
GH80018	张国文	76	42	34	73.1	123	80	43	22.79	78	26	52	161.2	89.8	134.7
GH80019	杨列英	87	53	34	73.1	234	180	54	28.62	92	56	36	111.6	105.4	158.1
GH80020	陈伯远	80	56	24	51.6	140	87	53	28.09	93	45	48	148.8	118.2	141.84
GH80021	赵明亮	76	52	24	51.6	140	99	41	21.73	68	16	52	161.2	89.8	107.76
GH80022	丁乃新	56	33	23	49.45	145	92	53	28.09	79	34	45	139.5	118.2	141.84
GH80023	毛沫沫	76	42	34	73.1	165	102	63	33.39	96	56	40	124	89.8	134.7
GH80024	郑关东	86	45	41	88.15	134	100	34	18.02	89	23	66	204.6	118.2	141.84

图 16.9　小区物业费用管理表

操作步骤如下：

1. 在 A1 单元格中输入表格标题"小区业主收费明细表"。

2. 输入表格标题字段，如图 16.10 所示。

A	B	C	D	E	F	G	H	I	J	K	L	M	N	O	P
		水				电				气				管理	
物业编号	业主姓名	本月读数	上月读数	实用数	金额	本月读数	上月读数	实用数	金额	本月读数	上月读数	实用数	金额	建筑面积	金额

图 16.10　表格中的各字段

3. 将 Sheet1 工作表重命名为"物业费用明细表"，如图 16.11 所示。

▶▶ 物业费用明细表 ╱She

图 16.11　重命名工作表

4. 输入物业编号。

打开"业主信息表"，将物业编号复制过来。

5. 输入业主姓名。

（1）选中 B4 单元格。

（2）单击【公式】→【函数库】→【插入函数】命令，在弹出的"插入函数"对话框中选择 VLOOKUP 函数，单击"确定"按钮，打开"函数参数"对话框，输入相关数据，如图 16.12 所示。

（3）单击"确定"按钮，得到"物业编号"对应的"业主姓名"。

（4）选中 B4 单元格，用鼠标拖曳其填充句柄至 B27 单元格，将公式复制到 B5：B27 单元格区域中，可填充出所有的"业主姓名"。

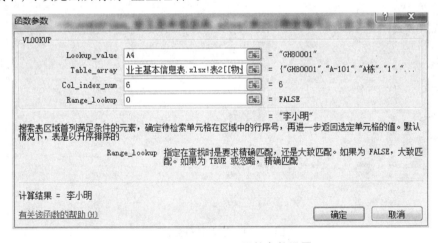

图 16.12　VLOOKUP 函数参数设置

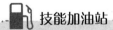 技能加油站

VLOOKUP 函数参数设置如下：

① Lookup_value 为 A4；

② Table_array 为"［业主基本信息表.XLSX］Sheet1 $A$3：$F$26"；

③ Col_index_num 为"6"，即引用的数据区域中"业主姓名"数据所在的列序号；

④ Range_lookup 为"0"，即函数 VLOOKUP 将返回精确匹配值。

6. 采用类似的方法使用 VLOOKUP 函数,通过引用"业主基本信息表"工作表中"建筑面积",填充"管理"费一栏的"建筑面积"数据,参数设置如图 16.13 所示。

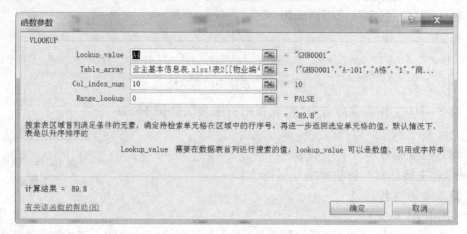

图 16.13　VLOOKUP 函数参数设置

7. 输入"水""电""气"的基础数据,如图 16.14 所示。

小区业主收费明细表

物业编号	业主姓名	水 本月读数	上月读数	实用数	金额	电 本月读数	上月读数	实用数	金额	气 本月读数	上月读数	实用数	金额	管理 建筑面积	金额
GH80001	李小明	55	43			157	100			87	34			89.8	
GH80002	张凤去	56	34			187	153			78	23			105.4	
GH80003	丁道沙	43	23			189	142			89	35			105.4	
GH80004	韩亮	67	60			198	147			91	45			118.2	
GH80005	蔡少云	36	20			200	140			94	67			105.4	
GH80006	杨思敏	85	70			183	142			85	28			105.4	
GH80007	张清华	93	75			152	96			94	36			118.2	
GH80008	丁华丰	25	13			320	290			89	46			118.2	
GH80009	李庆利	87	72			190	151			93	45			118.2	
GH80010	毛资源	98	73			187	120			95	36			118.2	
GH80011	李红景	53	40			150	95			84	57			118.2	
GH80012	张大千	61	50			147	102			89	50			89.8	
GH80013	赵飞天	76	63			153	112			84	56			105.4	
GH80014	陶天天	87	53			148	110			78	71			118.2	
GH80015	刘德华	83	52			134	101			90	45			89.8	
GH80016	刘昕	75	62			145	112			84	56			118.2	
GH80017	王天明	75	50			245	190			84	35			118.2	
GH80018	张国文	76	42			123	80			78	26			89.8	
GH80019	杨列英	87	53			234	180			92	56			105.4	
GH80020	陈伯远	80	56			156	103			93	45			118.2	
GH80021	赵明亮	76	52			140	99			68	16			89.8	
GH80022	丁乃新	56	33			145	92			79	34			118.2	
GH80023	毛沫沫	76	42			165	102			96	56			89.8	
GH80024	郑关东	86	45			134	100			89	23			118.2	

图 16.14　输入基础数据

8. 统计"水"的费用。

(1) 计算"水"的实用数,公式为" = 本月读数 – 上月读数"。

(2) 计算"水"的金额,公式为" = 实用数 ∗ 2.15"。

9. 统计"电"的费用。

(1) 统计"电"的实用数,公式为" = 本月读数 – 上月读数"。

(2) 计算"电"的金额,公式为" = 实用数 ∗ 0.53"。

10. 统计"气"的费用。

(1) 统计"气"的实用数,公式为" = 本月读数 – 上月读数"

（2）计算"气"的金额，公式为"＝实用数＊3.1"。

11．统计"管理费"。

这里，管理费按照房屋的类型进行收取，普通住宅为 1.2 元/米²，商用为 1.5 元/米²。

公式为："＝IF(VLOOKUP(A4，E：\项目十六\［业主基本信息表.xlsx］Sheet1！$A $3：$E $34,5,0)＝"住宅",O4＊1.2,O4＊1.5)"，如图 16.15 所示。

小区业主收费明细表															
		水				电				气				管理	
物业编号	业主姓名	本月读数	上月读数	实用数	金额	本月读数	上月读数	实用数	金额	本月读数	上月读数	实用数	金额	建筑面积	金额
GH80001	李小明	55	43	12	25.8	157	100	57	30.21	87	34	53	164.5	89.8	134.7
GH80002	张凤云	56	34	22	47.3	187	153	34	18.02	78	23	55	170.5	105.4	126.48
GH80003	丁道沙	43	23	20	43	189	142	47	24.91	89	35	54	167.4	105.4	126.48
GH80004	蒂亮	67	60	7	15.05	198	147	51	27.03	91	45	46	142.6	118.2	177.3
GH80005	蔡少云	36	20	16	34.4	200	140	60	31.8	94	67	27	83.7	105.4	126.48
GH80006	杨思敏	85	70	15	32.25	183	142	41	21.73	85	28	57	176.7	105.4	158.1
GH80007	张清华	93	75	18	38.7	152	96	56	29.68	94	36	58	179.8	118.2	141.84
GH80008	丁华丰	25	13	12	25.8	320	290	30	15.9	89	46	43	133.3	118.2	177.3
GH80009	李庆利	87	72	15	32.25	190	151	39	20.67	93	45	48	148.8	118.2	177.3
GH80010	毛资源	98	73	25	53.75	187	120	67	35.51	95	36	59	182.9	118.2	177.3
GH80011	李红景	53	40	13	27.95	150	95	55	29.15	84	57	27	83.7	118.2	141.84
GH80012	张大千	61	50	11	23.65	147	102	45	23.85	89	50	39	120.9	89.8	107.76
GH80013	赵飞天	76	63	13	27.95	153	112	41	21.73	84	56	28	86.8	118.2	177.3
GH80014	陶天天	87	53	34	73.1	148	110	38	20.14	78	71	7	21.7	118.2	177.3
GH80015	刘德华	83	52	31	66.65	134	101	33	17.49	90	45	45	139.5	89.8	107.76
GH80016	刘昕	75	62	13	27.95	145	112	33	17.49	84	56	28	86.8	118.2	177.3
GH80017	王天明	75	50	25	53.75	245	190	55	29.15	84	35	49	151.9	118.2	141.84
GH80018	张国文	76	42	34	73.1	123	80	43	22.79	78	26	52	161.2	89.8	134.7
GH80019	杨列英	87	53	34	73.1	234	180	54	28.62	92	56	36	111.6	105.4	158.1
GH80020	陈伯远	80	56	24	51.6	156	103	53	28.09	93	45	48	148.8	118.2	141.84
GH80021	赵明亮	76	52	24	51.6	140	99	41	21.73	68	16	52	161.2	89.8	107.76
GH80022	丁乃新	56	33	23	49.45	155	92	63	28.09	79	34	45	139.5	118.2	141.84
GH80023	毛沫沫	76	42	34	73.1	165	102	63	33.39	96	56	40	124	89.8	134.7
GH80024	郑关东	86	45	41	88.15	134	100	34	18.02	89	23	66	204.6	118.2	141.84

图 16.15 计算好各种数据

12．格式化表格。

（1）合并居中 A1：P1，并设置字号为"22"，字体为"隶书""加粗"。

（2）合并居中 C2：F2，并设置字号为"16"，字体为"隶书"。

（3）合并居中 G2：J2，并设置字号为"16"，字体为"隶书"。

（4）合并居中 K2：N2，并设置字号为"16"，字体为"隶书"。

（5）合并居中 O2：P2，并设置字号为"16"，字体为"隶书"。

（6）给表格加上边框线，外边框为粗线，内边框为细线。

设置完成后的效果如图 16.9 所示。

 课后练习

1．制作"物业收费明细清单表"，效果如图 16.16 所示。

		物业收费明细清单表				
		人才物业管理公司				
物业编号		业主姓名		所属时期		
收费项目	本月读数	上月读数	实用数	收纳标准（单价）	应缴金额（元）	备注
水						
电						
气						
管理费						
通知日期			应缴费用合计			
缴费期限			应缴费用合计（大写）			
制单：		收费：				

图 16.16 物业收费明细清单表

2. 制作"小区车位普通管理表",效果如图 16.17 所示。

要求如下:

（1）"单价"一栏用 IF 函数来实现,"类别"一栏中"租用"的"单价"为"200","自备"的"单价"为"20"。

（2）"第 1 季度""第 2 季度""第 3 季度""第 4 季度"的数据用公式" ＝ 单价 ＊ 3"来完成。

（3）"合计"用自动求和函数 SUM 来完成。

车位号	业主姓名	房号	类别	单价（月）	第1季度	第2季度	第3季度	第4季度	合计（元）
A-001	易水寒	A-102	租用	¥200.00	¥600.00	¥600.00	¥600.00	¥600.00	¥2,600.00
A-002	冷面侠	A-202	租用	¥200.00	¥600.00	¥600.00	¥600.00	¥600.00	¥2,600.00
A-003	翟流星	A-304	自备	¥20.00	¥60.00	¥60.00	¥60.00	¥60.00	¥260.00
A-004	慕容大	A-402	租用	¥200.00	¥600.00	¥600.00	¥600.00	¥600.00	¥2,600.00
B-001	欧阳飞	A-501	自备	¥20.00	¥60.00	¥60.00	¥60.00	¥60.00	¥260.00
B-002	东郭狼	A-602	租用	¥200.00	¥600.00	¥600.00	¥600.00	¥600.00	¥2,600.00
B-003	沙益壮	B-101	租用	¥200.00	¥600.00	¥600.00	¥600.00	¥600.00	¥2,600.00
B-004	胡成兰	B-204	自备	¥20.00	¥60.00	¥60.00	¥60.00	¥60.00	¥260.00
C-001	冠成杰	B-203	自备	¥20.00	¥60.00	¥60.00	¥60.00	¥60.00	¥260.00
C-002	聂小倩	B-302	租用	¥200.00	¥600.00	¥600.00	¥600.00	¥600.00	¥2,600.00
C-003	吴中天	B-501	自备	¥20.00	¥60.00	¥60.00	¥60.00	¥60.00	¥260.00
C-004	徐丽丽	B-602	自备	¥20.00	¥60.00	¥60.00	¥60.00	¥60.00	¥260.00

表头：2005年度小区车位普通管理表

图 16.17　小区车位普通管理表

 项目小结

本项目通过"小区业主基本信息管理表""小区物业费用管理表""物业收费明细清单表"以及"小区车位普通管理表"等表格的制作过程,使读者学会工作表中函数的使用,特别是 VLOOKUP 函数的使用。读者在学会项目案例制作的同时,能够活学活用到实际工作生活中。

项目十七

学生期末成绩表的制作

 项目简介

学生每学期的成绩出来后,班主任都要对学生的成绩进行各种操作,如求总成绩,将等第转换为分数,计算学生在班级的总排名等,这样才能对学生的学习有一定的了解。如图 17.1 所示就是利用 Excel 软件制作出来的学生期末成绩表。

	班级	学号	姓名	语文	动漫技法	二维动画	数据结构	心理健康	心理健康分数	总分	排名
1	学生期末成绩										
3	14传媒5	01	李敏	96	87	91	91	良好	80	445	3
4	14传媒5	02	张亮	95	83	87	83	良好	80	427	4
5	14传媒5	03	王小丫	83	85	87	91	良好	80	426	7
6	14传媒5	04	张大宝	89	89	85	76	中等	70	408	15
7	14传媒5	05	赵紫阳	89	91	92	76	中等	70	417	11
8	14传媒5	06	曲鸾鸾	96	94	94	83	及格	60	426	5
9	14传媒5	07	董洁天	90	89	84	76	中等	70	409	14
10	14传媒5	08	杨双双	81	83	78	92	中等	70	403	18
11	14传媒5	09	欧阳快	85	86	91	96	优秀	90	447	2
12	14传媒5	10	萧荣发	91	87	78	73	中等	70	399	20
13	14传媒5	11	黄大财	84	83	76	96	良好	80	418	10
14	14传媒5	12	张来恩	85	98	92	71	良好	80	426	5
15	14传媒5	13	毛飞茄	79	91	100	92	优秀	90	451	1
16	14传媒5	14	张小画	87	82	85	89	中等	70	412	13
17	14传媒5	15	赵如飞	80	87	95	88	中等	70	420	9
18	14传媒5	16	李来顺	82	90	79	77	中等	70	398	21
19	14传媒5	17	杨永远	88	97	91	66	良好	80	421	8
20	14传媒5	18	张红成	79	83	82	74	优秀	90	408	15
21	14传媒5	19	丰小蒲	81	84	83	86	中等	70	404	17
22	14传媒5	20	孙中利	81	86	93	76	良好	80	416	12
23	14传媒5	21	周游	86	92	85	68	中等	70	401	19
24	14传媒5	22	李开光	86	80	89	63	良好	80	398	21
25	14传媒5	23	张回夏	73	93	91	69	不及格	50	375	24
26	14传媒5	24	李渊渊	71	81	83	73	中等	70	377	23
27	14传媒5	25	张家宜	77	91	89	35	中等	70	361	25
28	14传媒5	26	丁香花	83	0	85	80	良好	80	327	26

图 17.1　学生期末成绩表

 知识点导入

1. 合并单元格:单击【开始】→【对齐方式】组右下角的对话框启动器按钮,在打开的"设置单元格格式"对话框中选中"合并单元格"复选框。

2. 使用函数：执行【公式】→【函数库】→【插入函数】命令。

解决方案

任务1　新建文档

1. 启动 Excel 2010，新建空白工作。
2. 将新建的文档保存在桌面上，文件名为"学生期末成绩表.xlsx"。

任务2　输入表格相关内容

1. 输入标题。

在 A1 单元格中输入标题"学生期末成绩"。

2. 输入字段。

在 A2：J2 单元格区域依次输入各字段，如图 17.2 所示。

	A	B	C	D	E	F	G	H	I	J
1	学生期末成绩									
2	班级	学号	姓名	语文	动漫技法	二维动画	数据结构	心理健康	总分	排名
3										

图 17.2　输入各字段

3. 输入"班级"。

在 A3：A28 单元格区域输入班级"14 传媒 5"。

4. 输入"学号"。

（1）选中 B3 单元格，转成英文输入法输入英文单引号"'"，再输入"01"，按回车键。

（2）选中 B3 单元格右下角的填充句柄，向下拖曳至 B28，如图 17.3 所示。

5. 录入学生的姓名和成绩，如图 17.4 所示。

6. 将"心理健康"所在列的等第转换为具体数据。

（1）单击"I"并右击，在弹出的快捷菜单中选"插入"，则插入一空白列。

（2）选中 I2 单元格，录入"心理健康分数"。

（3）选中 I3 单元格，录入公式" = IF（H3 ="优秀",90,IF（H3 ="良好",80,IF(H3 ="中等",70,IF(H3 ="及格",60,50)))）"。

（4）选中 I3 单元格，用鼠标拖曳其填充句柄至 I28 单元格，将公式复制到 I4：I28 单元格区域中，可计算出所有的对应分数，如图 17.5 所示。

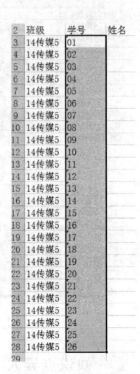

图 17.3　填充学号

	A	B	C	D	E	F	G	H	I	J
1	学生期末成绩									
2	班级	学号	姓名	语文	动漫技法	二维动画	数据结构	心理健康	总分	排名
3	14传媒5	01	李敏	96	87	91	91	良好		
4	14传媒5	02	张亮	95	83	86.5	82.5	良好		
5	14传媒5	03	王小丫	83	85	87	90.5	良好		
6	14传媒5	04	张大宝	88.5	88.5	85	76	中等		
7	14传媒5	05	赵紫阳	88.5	91	91.5	76	中等		
8	14传媒5	06	曲弯弯	96	94	93.5	82.5	及格		
9	14传媒5	07	董浩天	90	89	84	75.5	中等		
10	14传媒5	08	杨双双	81	83	77.5	91.5	中等		
11	14传媒5	09	欧阳快	84.5	86	90.5	96	优秀		
12	14传媒5	10	幕莱发	91	86.5	78	73	中等		
13	14传媒5	11	黄大财	83.5	83	76	95.5	良好		
14	14传媒5	12	张来恩	85	98	92	71	良好		
15	14传媒5	13	毛飞茹	79	90.5	99.5	91.5	优秀		
16	14传媒5	14	张小画	87	81.5	84.5	89	中等		
17	14传媒5	15	赵如飞	80	87	95	88	中等		
18	14传媒5	16	李来顺	82	89.5	79	77	中等		
19	14传媒5	17	杨永远	88	97	90.5	65.5	良好		
20	14传媒5	18	张红成	79	83	82	74	优秀		
21	14传媒5	19	丰小满	81	84	83	85.5	中等		
22	14传媒5	20	孙中利	81	85.5	93	76	良好		
23	14传媒5	21	周游	86	92	84.5	68	中等		
24	14传媒5	22	李开光	86	79.5	89	63	良好		
25	14传媒5	23	张回贾	73	92.5	90.5	69	不及格		
26	14传媒5	24	李渊渊	70.5	81	82.5	72.5	中等		
27	14传媒5	25	张家宣	76.5	90.5	89	35	中等		
28	14传媒5	26	丁香花	82.5	0	84.5	79.5	良好		

构	心理健康	心理健康	总分
	良好	80	
	良好	80	
	良好	80	
	中等	70	
	中等	70	
	及格	60	
	中等	70	
	中等	70	
	优秀	90	
	中等	70	
	良好	80	
	良好	80	
	优秀	90	
	中等	70	
	中等	70	
	中等	70	
	良好	80	
	优秀	90	
	中等	70	
	良好	80	
	中等	70	
	良好	80	
	不及格	50	
	中等	70	
	中等	70	
	良好	80	

图 17.4　录入好所有数据　　　　　　图 17.5　计算出所有
　　　　　　　　　　　　　　　　　　　　　　　对应的分数

技能加油站

IF 语句中所有的标点符号(包括"括号""引号""逗号"等)全部用英文半角符号。

7. 计算每个学生的总分。

(1) 选中 J3 单元格。

(2) 执行【公式】→【函数库】→【插入函数】命令,打开如图 17.6 所示的"插入函数"对话框。

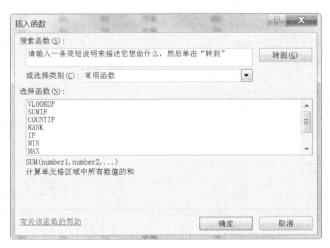

图 17.6　"插入函数"对话框

(3) 选中"SUM"函数,单击"确定"按钮,打开"函数参数"对话框,在"Number1"文本框中选择"D3：G3"，在"Number2"文本框中选择"I3"，如图17.7所示，单击"确定"按钮。

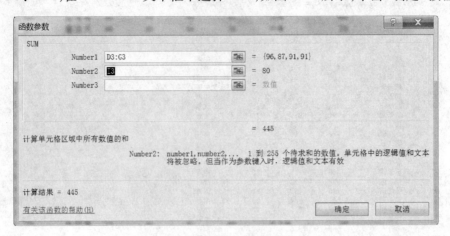

图 17.7　SUM 函数参数设置

（4）选中 J3 单元格，用鼠标拖曳其填充句柄至 J28 单元格，将公式复制到 J4：J28 单元格区域中，可计算出所有的对应分数。

8．计算按总分降序排序。

（1）选中 K3 单元格。

（2）执行【公式】→【函数库】→【插入函数】命令，打开如图17.6所示的"插入函数"对话框。

（3）选中"RANK"函数，单击"确定"按钮，打开"函数参数"对话框，在"Number"文本框中选择"J3"，在"Ref"文本框中选择"$J$3：$J$28"，在"Order"文本框中选择忽略或者"0"，如图17.8所示，单击"确定"按钮。

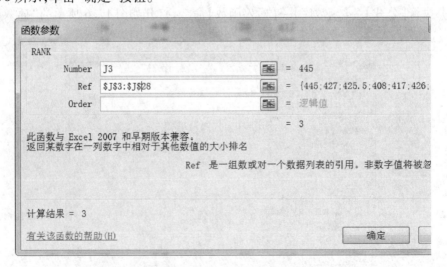

图 17.8　RANK 函数参数设置

（4）选中 K3 单元格，用鼠标拖曳其填充句柄至 K28 单元格，将公式复制到 K4：K28 单元格区域中，可计算出所有的对应排名，如图17.9所示。

	A	B	C	D	E	F	G	H	I	J	K
1	学生期末成绩										
2	班级	学号	姓名	语文	动漫技法	二维动画	数据结构	心理健康	心理健康分	总分	排名
3	14传媒5	01	李敏	96	87	91	91	良好		445	3
4	14传媒5	02	张亮	95	83	86.5	82.5	良好	80	427	4
5	14传媒5	03	王小丫	83	85	87	90.5	良好	80	425.5	7
6	14传媒5	04	张大宝	88.5	88.5	85	76	中等	70	408	15
7	14传媒5	05	赵紫阳	88.5	91	91.5	76	中等	70	417	11
8	14传媒5	06	曲弯弯	96	94	93.5	82.5	及格	60	426	5
9	14传媒5	07	董浩天	90	89	84	75.5	中等	70	408.5	14
10	14传媒5	08	杨双双	81	83	77.5	91.5	中等	70	403	18
11	14传媒5	09	欧阳快	84.5	86	90.5	96	优秀	90	447	2
12	14传媒5	10	幕荣发	91	86.5	78	73	中等	70	398.5	20
13	14传媒5	11	黄大财	83.5	83	76	95.5	良好	80	418	10
14	14传媒5	12	张来恩	85	98	92	71	良好	80	426	5
15	14传媒5	13	毛飞茹	79	90.5	99.5	91.5	优秀	90	450.5	1
16	14传媒5	14	张小画	87	81.5	84.5	89	中等	70	412	13
17	14传媒5	15	赵如飞	80	87	95	88	中等	70	420	9
18	14传媒5	16	李来顺	82	89.5	79	77	中等	70	397.5	21
19	14传媒5	17	杨永远	88	97	90.5	65.5	良好	80	421	8
20	14传媒5	18	张红成	79	83	82	74	优秀	90	408	15
21	14传媒5	19	丰小满	81	84	83	85.5	中等	70	403.5	17
22	14传媒5	20	孙中利	81	85.5	93	76	良好	80	415.5	12
23	14传媒5	21	周游	86	92	84.5	68	中等	70	400.5	19
24	14传媒5	22	李开光	86	79.5	89	63	良好	80	397.5	21
25	14传媒5	23	张回复	73	92.5	90.5	69	不及格	50	375	24
26	14传媒5	24	李渊渊	70.5	81	82.5	72.5	中等	70	376.5	23
27	14传媒5	25	张家宜	76.5	90.5	89	35	中等	70	361	25
28	14传媒5	26	丁香花	82.5	0	84.5	79.5	良好	80	326.5	26

图 17.9　计算出排名名次

 技能加油站

> Ref 中的地址一定是绝对地址,在拖曳填充的过程中,地址才不会跟着变化。

任务3　格式化表格

1. 设置标题。

选择 A1：K1 单元格区域,执行【开始】→【对齐方式】→
【合并后居中】命令,如图 17.10 所示,或者单击【开始】→
【对齐方式】组右下角的对话框启动器按钮,在打开的"设置
单元格格式"对话框中选择"对齐"选项卡,设置"水平对
齐"为"居中",选中"合并单元格"复选框,如图 17.11 所示。

2. 设置标题文字。

图 17.10　"对齐方式"

单击标题,执行【开始】→【字体】命令,"字体"选择"宋体","字号"选择"20","字形"
选择"加粗","颜色"选择"蓝色"。

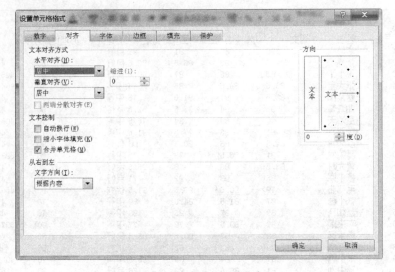

图 17.11 "对齐"选项卡

技能加油站

　　在设置数据对齐方式时，也可单击鼠标右键，在弹出的快捷菜单中选择相应的命令。

3. 设置表格边框线。

选择 A2：K28 单元格区域，单击鼠标右键，在弹出的快捷菜单中选择"设置单元格格式"命令，在弹出的如图 17.12 所示的对话框中选择"边框"选项卡，选择线型"━━━"，单击"外边框"，选择线型"━━━"，单击"内部"。

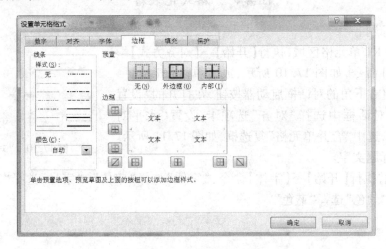

图 17.12 "边框"选项卡

4. 设置对齐方式。

（1）选中 A2：K2 单元格区域，单击鼠标右键，在弹出的快捷菜单中选择【设置单元格格式】命令,在打开的对话框中选择"对齐"选项卡,在"水平对齐"中选择"居中",在"垂直对齐"中选择"居中"。

（2）用同样的方法,设置 A3：B28 单元格区域的内容的"水平对齐"为"靠左","垂直对齐"为"居中";设置 C3：C28 单元格区域的内容的"水平对齐"为"居中","垂直对齐"为"居中";设置 D3：K28 单元格区域的内容的"水平对齐"为"靠右","垂直对齐"为"居中"。

5．设置单元格底纹。

（1）选中 A2：K2 单元格区域,单击鼠标右键,在弹出的快捷菜单中选择【设置单元格格式】命令,在打开的对话框中选择"填充"选项卡,如图 17.13 所示。

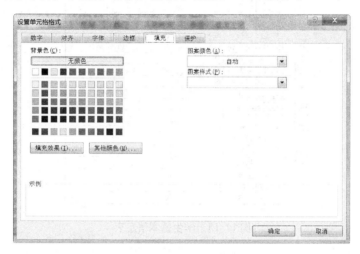

图 17.13　"填充"选项卡

（2）单击"填充效果"按钮,打开"填充效果"对话框,设置如图 17.14 所示,单击"确定"按钮。

图 17.14　"填充效果"对话框

拓展项目

制作如图 17.15 所示的学生基本信息表。

	学生基本信息表				
2	学号	姓名	年级代码	专业代码	具体学号
3	132309	刘海东	13	23	09
4	148734	黄梅	14	87	34
5	151234	张勇	15	12	34
6	142311	王惠	14	23	11
7	162345	王萍	16	23	45
8	132323	张永强	13	23	23
9	132325	刘军	13	23	25
10	132312	赵国利	13	23	12
11	132334	李丽	13	23	34
12	148701	许大为	14	87	01
13	148708	李东海	14	87	08
14	148722	王静	14	87	22
15	148735	王志飞	14	87	35
16	151223	陈义	15	12	23
17	151202	王梅	15	12	02
18	151207	程建茹	15	12	07
19	151236	张敏	15	12	36
20	162340	林琳	16	23	40
21	162306	王潇妃	16	23	06
22	162316	韩柳	16	23	16
23	162356	王冬	16	23	56

图 17.15　学生基本信息表

操作步骤如下：

1. 在 A1 单元格中输入表格标题“学生基本信息表”。
2. 输入相关内容，如图 17.16 所示。
3. 设置单元格格式，如图 17.17 所示。

学生基本信息表				
学号	姓名	年级代码	专业代码	具体学号
132309	刘海东			
148734	黄梅			
151234	张勇			
142311	王惠			
162345	王萍			
132323	张永强			
132325	刘军			
132312	赵国利			
132334	李丽			
148701	许大为			
148708	李东海			
148722	王静			
148735	王志飞			
151223	陈义			
151202	王梅			
151207	程建茹			
151236	张敏			
162340	林琳			
162306	王潇妃			
162316	韩柳			
162356	王冬			

图 17.16　插入后的表格

A	B	C	D	E
学生基本信息表				
学号	姓名	年级代码	专业代码	具体学号
132309	刘海东			
148734	黄梅			
151234	张勇			
142311	王惠			
162345	王萍			
132323	张永强			
132325	刘军			
132312	赵国利			
132334	李丽			
148701	许大为			
148708	李东海			
148722	王静			
148735	王志飞			
151223	陈义			
151202	王梅			
151207	程建茹			
151236	张敏			
162340	林琳			
162306	王潇妃			
162316	韩柳			
162356	王冬			

图 17.17　设置单元格格式后的表格

（1）选中 A1∶E1 单元格区域,执行【开始】→【对齐方式】→【合并后居中】命令,在【开始】→【字体】选项组中设置"字号"为"26"。

（2）选中 A2∶D2 单元格区域,在【开始】→【对齐方式】选项组中单击"居中"按钮▤。

（3）选中 A2∶E2 单元格区域,在【开始】→【字体】选项组中的"字体"下拉列表中选择"黑体",在"字号"下拉列表中选择"14"。

（4）继续在"字体"选项组中单击"填充颜色"按钮 🖉 右侧的下拉箭头,在弹出的下拉列表中选择"深蓝,文字 2,淡色 40%"选项。

（5）调整各列为合适列宽。

4. 计算"年级代码""专业代码""具体学号"。

"学号"的前两位为入学年级,即"年级代码";第三、四位为"专业代码";第五、六位为自己的学号,即"具体学号"。

求年级代码的具体操作步骤如下:

（1）选中 K3 单元格。

（2）执行【公式】→【函数库】→【插入函数】命令,打开"查找函数"对话框。

（3）选中"MID"函数,单击"确定"按钮,打开"函数参数"对话框,在"Text"文本框中选择"A3",在"Start_mum"文本框中输入"1",在"Num_chars"文本框中输入"2",如图 17.18 所示,单击"确定"按钮。

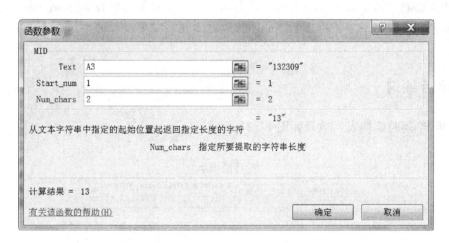

图 17.18　MID 函数参数设置

（4）选中 C3 单元格,用鼠标拖曳其填充句柄至 C23 单元格,将公式复制到 C4∶C23 单元格区域中,可计算出所有对应的年级,如图 17.19 所示。

（5）用相同的方法求出专业代码和具体学号,如图 17.20 所示。

学号	姓名	年级代
132309	刘海东	13
148734	黄梅	14
151234	张勇	15
142311	王惠	14
162345	王萍	16
132323	张永强	13
132325	刘军	13
132312	赵国利	13
132334	李丽	13
148701	许大为	14
148708	李东海	14
148722	王静	14
148735	王志飞	14
151223	陈义	15
151202	王梅	15
151207	程建茹	15
151236	张敏	15
162340	林琳	16
162306	王潇妃	16
162316	韩柳	16
162356	王冬	16

图 17.19　MID 函数求年级代码

学生基本信息表

学号	姓名	年级代码	专业代码	具体学号
132309	刘海东	13	23	09
148734	黄梅	14	87	34
151234	张勇	15	12	34
142311	王惠	14	23	11
162345	王萍	16	23	45
132323	张永强	13	23	23
132325	刘军	13	23	25
132312	赵国利	13	23	12
132334	李丽	13	23	34
148701	许大为	14	87	01
148708	李东海	14	87	08
148722	王静	14	87	22
148735	王志飞	14	87	35
151223	陈义	15	12	23
151202	王梅	15	12	02
151207	程建茹	15	12	07
151236	张敏	15	12	36
162340	林琳	16	23	40
162306	王潇妃	16	23	06
162316	韩柳	16	23	16
162356	王冬	16	23	56

图 17.20　求出专业代码和具体学号

 技能加油站

　　MID 函数中的 Text 文本框内容为准备从中提取字符串的字符串,Start_mum 文本框是准备提取的第一个字符的位置,Num_chars 文本框指定要提取的字符串的长度。

 课后练习

1. 制作"招聘成绩表",效果如图 17.21 所示。

招聘成绩单

序号	姓名	笔试项目				笔试成绩	面试成绩	总成绩	平均成绩	合格与否（平均成绩高于15则合格）
		专业课	计算机操作	英语水平	写作能力					
1	陈少华	12	15	10	8	45	43	88	14.67	不合格
2	李艳	11	8	11	10	40	36	76	12.67	不合格
3	黄飞飞	10	8	11	9	38	35	73	12.17	不合格
4	陈斌	8	7	11	9	35	41	76	12.67	不合格
5	田蓉	11	8	15	9	43	47	90	15.00	不合格
6	彭芳	11	11	9	11	42	26	68	11.33	不合格
7	段小芬	12	10	10	7	39	35	74	12.33	不合格
8	赵刚	6	10	7	9	32	25	57	9.50	不合格
9	沈永	10	10	6	11	37	41	78	13.00	不合格
10	曾家刘	10	10	8	11	39	36	75	12.50	不合格
11	邓江	10	10	12	10	42	28	70	11.67	不合格
12	孙潇潇	7	10	7	11	35	30	65	10.83	不合格
13	李文奥	10	12	11	11	44	37	81	13.50	不合格
14	喻刚	11	6	12	6	35	49	84	14.00	不合格
15	张明	6	6	11	8	31	48	79	13.17	不合格
16	郑燕	10	11	6	10	37	31	68	11.33	不合格
17	汪雪	11	10	12	11	44	47	91	15.17	合格
18	钱小君	9	10	8	7	34	27	61	10.17	不合格
19	唐琦	7	8	10	6	31	35	66	11.00	不合格
20	杨雪	8	8	6	10	32	45	77	12.83	不合格

图 17.21　招聘成绩表

要求：（1）笔试成绩用 SUM 函数求得。

　　　　（2）总成绩＝笔试成绩＋面试成绩。

　　　　（3）平均成绩＝总成绩/6。

　　　　（4）合格与否对应的单元格用 IF 函数来完成。

2. 制作"试用考核表"，效果如图 17.22 所示。

要求：考核意见用 IF 函数完成。

姓名	试用周期	岗位	出勤情况	适应性	工作能力	人际关系	责任心	考核总分	考核意见
竹光明	1个月	客服主管	12	17	18	15	19	81	录用
张树人	1个月	行政专员	16	15	15	14	18	78	录用
李晓兵	1个月	程序员	19	12	18	16	12	77	录用
王云韬	1个月	网页设计	10	16	18	19	13	76	录用
卢红	1个月	行政专员	18	13	12	16	17	76	录用
曾晓欧	1个月	客服主管	15	17	16	11	16	75	录用
蒙博	1个月	网页设计	19	10	19	13	14	75	录用
汪春明	1个月	网页设计	11	16	18	16	15	75	录用
张万发	1个月	行政专员	14	14	13	19	11	71	辞退
谢芳	1个月	程序员	13	18	13	10	17	71	辞退
关天雨	1个月	客服主管	17	14	15	14	11	71	辞退
鲁妙	1个月	程序员	11	18	12	15	14	70	辞退
倪淼	1个月	行政专员	10	14	18	13	15	70	辞退
尧燕	1个月	网页设计	15	12	19	11	11	68	辞退
万杰	1个月	网页设计	11	17	11	17	12	68	辞退
高忠慧	1个月	行政专员	10	16	10	11	18	65	辞退
李静	1个月	行政专员	11	13	18	11	10	63	辞退
梁珊	1个月	程序员	11	15	10	12	13	61	辞退
刘伟	1个月	程序员	10	12	15	11	12	60	辞退
张晓晓	1个月	客服主管	10	11	13	11	11	56	辞退

图 17.22　试用考核表

 项目小结

本项目通过"学生期末成绩表""学生基本信息表""招聘成绩表"以及"试用考核表"等表格的制作，使读者学会 IF、RANK、MID、SUM 等函数的使用方法。读者在学会项目案例制作的同时，能够活学活用到实际工作生活中。

项目十八

产品销售明细表的制作

项目简介

预测分析的方法主要有两种,即定量预测法和定性预测法。定量预测法是在掌握预测与对象有关的各种要素的定量资料的基础上,运用现代数学方法进行数据处理,据以建立能够反映有关变量之间规律联系的各类预测方法体系,它可分为趋势外推分析法和因果分析法;定性预测法是指由有关方面的专业人员或专家根据自己的经验和知识,结合预测对象的特点进行分析,对事物的未来状况和发展趋势做出推测的预测方法。如图 18.1 所示就是用 Excel 软件制作的产品销售明细表。

A产品销售数据明细					
月份	销售量	售价	销售额	销售成本	实现利润
1	345	56	19320	15456	3864
2	234	67	15678	12542.4	3135.6
3	567	65	36855	29484	7371
4	789	91	71799	57439.2	14359.8
5	976	45	43920	35136	8784
6	645	89	57405	45924	11481
7	678	85	57630	46104	11526
8	776	93	72168	57734.4	14433.6
9	655	56	36680	29344	7336
10	788	67	52796	42236.8	10559.2
11	978	66	64548	51638.4	12909.6
12	567	55	31185	24948	6237

图 18.1 产品销售明细表

知识点导入

1. 给单元格区域命名:选中单元格区域,在"名称"框中输入命名。

2. 数据分析:单击【数据】→【分析】选项组中的 数据分析 按钮,打开"数据分析"对话框,在列框中选择"回归"选项,单击"确定"按钮。

解决方案

任务1　新建文档

1. 启动 Excel 2010,新建空白工作。

2. 将新建的文档保存在桌面上,文件名为"产品销售明细表.xlsx"。

任务2 输入表格相关内容

1. 新建工作表。

新建工作表,并依次命名为"明细""销售预测""利润预测""成本预测",如图18.2所示。

2. 录入"明细"工作表。

(1)切换到"明细"工作表,输入标题、项目、基本数据,效果如图18.3所示。

图18.2 新建四个工作表

图18.3 输入基本数据

(2)计算销售额。

公式为:"销售额=销售量*售价"。

(3)计算销售成本。

公式为:"销售成本=销售额*0.8"。

(4)计算实现利润。

公式为:"实现利润=销售额-销售成本",如图18.4所示。

(5)命名单元格区域。

① 选中A3:A14单元格区域,在"名称"框中输入"月份",如图18.5所示。

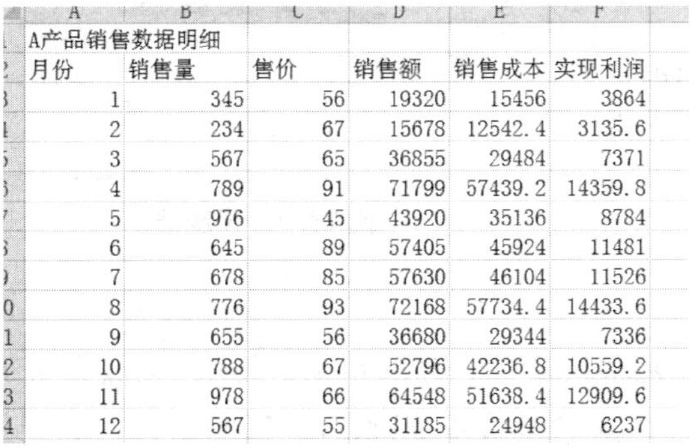

图18.4 计算销售额、销售成本、实现利润

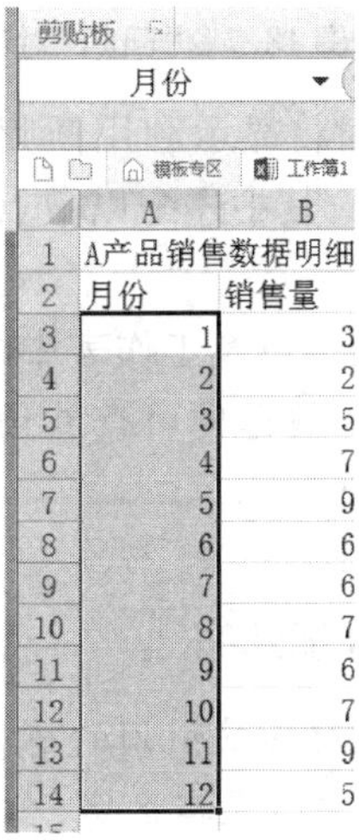

图18.5 对A3:A14单元格区域命名

② 按相同的方法为其他单元格区域命名。

3．预测销售数据。

图 18.6　框架

（1）切换到"销售预测"工作表，在 A1：B14 单元格区域创建框架数据，如图 18.6 所示。

（2）月份引用。

选中 A3：A14 单元格区域，在编辑栏中输入"＝月份"，按【Ctrl】＋【Enter】组合键，引用"明细"工作表中的数据。

（3）预测"销售额"。

① 选中 B3：B14 单元格区域，在编辑栏中输入"＝销售额"，按【Ctrl】＋【Enter】组合键，引用"明细"工作表中的数据。

② 单击【数据】→【分析】选项组中的 ▦₌数据分析 按钮，打开"数据分析"对话框，在列框中选择"回归"选项，单击"确定"按钮，如图 18.7 所示。

③ 在"Y 值输入区域"和"X 值输入区域"中分别输入"＄B＄3：＄B＄14"和"＄A＄3：＄A＄14"，选中"输出区域"单选按钮，将输出区域指定为"＄D＄2"，然后分别选中"标志""残差""线性拟合图"复选框，最后单击"确定"按钮，参数如图 18.8 所示。

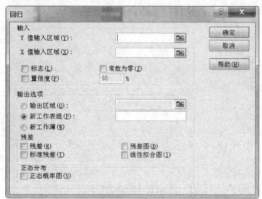

图 18.7　"回归"对话框

图 18.8　参数设置

④ 此时将显示利用回归数据分析工具得到的预测结果，其中还配以散点图来直观地显示数据趋势。

通过图表以及工作表中的"SUMMARY OUTPUT"栏下的数据便可查看预测的销售数据及趋势，如图18.9所示。

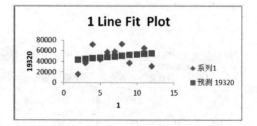

图 18.9　预测结果

🛢 **技能加油站**

　　单元格区域引用的前提是对相应的单元格区域进行区域命名，单元格区域命名的方法：选中单元格区域，在"名称"框中输入需要命名的名字，按回车键即可。

4. 预测利润数据。

（1）建立表格框架数据。

切换到"利润预测"工作表，在 A1：C8 单元格区域中建立表格框架数据，然后在 C8 单元格中输入目标利润数据。

（2）计算销售量。

选中 B3 单元格，在"编辑栏"中输入"＝SUM（销售量）"后按【Enter】键，表示计算名称为"销售量"的单元格中的所有数据之和，如图 18.10 所示。

（3）计算售价。

选中 B4 单元格，在"编辑栏"中输入"＝AVERAGE（售价）"后按【Enter】键，表示计算名称为"售价"的单元格中的所有数据的平均值，如图 18.11 所示。

（4）计算变动范围。

选中 B5 单元格，在"编辑栏"中输入"＝AVERAGE（MAX（售价）－B4，B4－MIN（售价））"后按【Enter】键，表示计算名称为"售价"的单元格中的所有数据的平均值，如图 18.12 所示。

| 图 18.10 计算实际销售量 | 图 18.11 计算实际售价 | 图 18.12 计算变动范围 |

（5）计算固定成本。

选中 B6 单元格，在"编辑栏"中输入"＝SUM（销售成本）"后按【Enter】键，如图 18.13 所示。

（6）计算目前利润。

选中 B7 单元格，在"编辑栏"中输入"＝SUM（实现利润）"后按【Enter】键，如图 18.14 所示。

（7）计算预测销售量。

选中 C3 单元格，在"编辑栏"中输入"＝（C8＋B6）/（B4－B5）"后按【Enter】键，如图 18.15所示。

| 图 18.13 计算固定成本 | 图 18.14 计算目前利润 | 图 18.15 预测销售量 |

（8）预测售价。

选中 C4 单元格，在"编辑栏"中输入"＝（C8＋B6）/B3"后按【Enter】键，如图 18.16 所示。

（9）预测固定成本。

选中 C6 单元格，在"编辑栏"中输入"= B3 * （B4 - B5）- C8"后按【Enter】键，如图 18.17 所示。

5．预测成本数据。

（1）创建框架数据。

切换到"成本预测"工作表，创建框架数据，如图 18.18 所示。

A产品利润预测分析		
项目	实际数据	预测数据
销售量	7998	31765.72
售价	69.58333	181.0437
变动范围	24	

图 18.16　预测售价

A产品利润预测分析		
项目	实际数据	预测数据
销售量	7998	31765.72
售价	69.58333	181.0437
变动范围	24	
固定成本	447987.2	-635425

图 18.17　预测固定成本

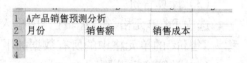

A产品销售预测分析		
月份	销售额	销售成本

图 18.18　预测成本数据框架

（2）引用数据。

引用月份、销售额和销售成本数据，如图 18.19 所示。

（3）预测成本。

单击【数据】→【分析】选项组中的"数据分析"按钮，打开"数据分析"对话框，在列框中选择"回归"选项，单击"确定"按钮，将"Y 值输入区域"和"X 值输入区域"分别设置为"\$C\$2:\$C\$14"和"\$B\$2:\$B\$14"，选中"输出区域"单选按钮，将"输出区域"指定为"\$E\$2"，最后单击"确定"按钮，得到预测结果，如图 18.20 所示。

A产品销售预测分析		
月份	销售额	销售成本
1	345	276
2	234	187.2
3	567	453.6
4	789	631.2
5	976	780.8
6	645	516
7	678	542.4
8	776	620.8
9	655	524
10	788	630.4
11	978	782.4
12	567	453.6

图 18.19　引用的数据

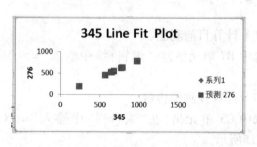

图 18.20　预测成本

任务3　格式化表格

1．设置"明细"工作表。

选择 A1：F1 单元格区域，执行【开始】→【对齐方式】→【合并后居中】命令。

2．设置标题文字。

单击选中标题，在【开始】→【字体】选项组中，将"字体"设置为"宋体"，"字号"设置为"20"，"字形"设置为"加粗"，"颜色"设置为"蓝色"。

3．设置单元格底纹。

选中 A2：K2 单元格区域，单击鼠标右键，在弹出的快捷菜单中选择"设置单元格格式"

命令,打开"设置单元格格式"对话框,单击"填充"选项卡,在"背景色"中选中"黄色",如图 18.21 所示。

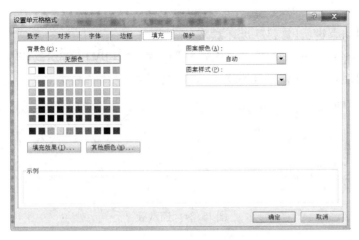

图 18.21　"填充"选项卡

"明细"工作表设置后的效果如图 18.1 所示。

4. 设置其他工作表。

按照"明细"工作表的设置方法对另外三个工作表进行设置。

拓展项目

制作如图 18.22 所示的投资方案表。

贷款总额	期限（年）	年利率	每年还款额	每季度还款额	每月还款额
甲银行信贷方案					
¥1,000,000.00	3	6.60%	¥378,270.1	¥92,538.8	¥30,694.5
¥1,500,000.00	5	6.90%	¥364,857.0	¥89,318.7	¥29,631.1
¥2,000,000.00	5	6.75%	¥484,520.7	¥118,655.9	¥39,366.9
¥2,500,000.00	10	7.20%	¥359,241.6	¥88,214.4	¥29,285.5

图 18.22　投资方案表

操作步骤如下:

1. 新建并保存"投资方案表.xlsx",输入并美化信贷方案的框架数据。

2. 输入相关内容,如图 18.23 所示。

贷款总额	期限（年）	年利率	每年还款额	每季度还款额	每月还款额
甲银行信贷方案					
¥1,000,000.00	3	6.60%			
¥1,500,000.00	5	6.90%			
¥2,000,000.00	5	6.75%			
¥2,500,000.00	10	7.20%			

图 18.23　基本数据

3. 选中 E3：E6 单元格区域，在"编辑栏"中输入"＝PMT(D3，C3，－B3)"，按【Ctrl】＋【Enter】组合键，计算每年还款额。

4. 选中 F3：F6 单元格区域，在"编辑栏"中输入"＝PMT(D3/4，C3 ＊ 4，－B3)"，按【Ctrl】＋【Enter】组合键，计算每季度还款额。

5. 选中 G3：G6 单元格区域，在"编辑栏"中输入"＝PMT(D3/12，C3 ＊ 12，－B3)"，按【Ctrl】＋【Enter】组合键，计算每月还款额，如图 18.24 所示。

甲银行信贷方案					
贷款总额	期限（年）	年利率	每年还款额	每季度还款额	每月还款额
¥1,000,000.00	3	6.60%	¥378,270.1	¥92,538.8	¥30,694.5
¥1,500,000.00	5	6.90%	¥364,857.0	¥89,318.7	¥29,631.1
¥2,000,000.00	5	6.75%	¥484,520.7	¥118,655.9	¥39,366.9
¥2,500,000.00	10	7.20%	¥359,241.6	¥88,214.4	¥29,285.5

图 18.24 还款额

课后练习

1. 制作成本预测趋势图，效果如图 18.25 所示。

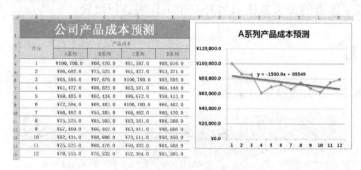

图 18.25 成本预测趋势图

2. 制作施工方案表，效果如图 18.26 所示。

方案摘要					
	当前值	B队	C队	D队	E队
可变单元格：					
$B$3	15	20	10	10	15
$B$4	1.5	1.2	1.4	1.2	1.3
$B$5	11.6	8.4	14.3	15.8	8.5
结果单元格：					
$B$6	3920	4032	2002	1896	2486.25

注释："当前值"这一列表示的是在

建立方案汇总时，可变单元格的值。

每组方案的可变单元格均以灰色底纹突出显示。

图 18.26 施工方案表

项目小结

本项目通过"产品销售明细表""投资方案表""成本预测趋势图"以及"施工方案表"等表格的制作,使读者学会在工作表中单元格区域的命名、函数 PMT、数据分析等功能的使用。读者在学会项目案例制作的同时,能够活学活用到实际工作生活中。

项目十九

徐马竞赛项目幻灯片的制作

 项目简介

PowerPoint 2010 是 Microsoft Office 2010 程序中的一员，主要用于设计、制作信息展示领域的各种电子演示文稿，如产品宣传或介绍、公司会议、市场推广以及项目报告等。Power-Point 2010 使演示文稿的编制更加容易和直观。如图 19.1 所示就是利用 PowerPoint 2010 软件制作出来的徐州马拉松竞赛项目介绍。

图 19.1 徐马竞赛项目介绍

知识点导入

1. 新建、保存演示文稿：启动 PowerPoint 2010，单击【文件】→【保存】（或【另存为】）命令。

2. 新增幻灯片：执行【开始】→【幻灯片】→【新建幻灯片】命令，选择适合的版式命令。

3. 设置幻灯片主题：执行【设计】→【主题】命令，选择适合的主题命令。

4. 设置幻灯片背景：执行【设计】→【背景】→【背景样式】→【设置背景格式】命令。

5. 设置幻灯片切换效果：执行【切换】→【切换到此幻灯片】命令。

6. 设置超链接：执行【插入】→【链接】→【超链接】命令。

7. 设置幻灯片母版：执行【视图】→【母版视图】→【幻灯片母版】命令。

8. 设置幻灯片放映：执行【幻灯片放映】→【设置】→【设置幻灯片放映】命令。

9. 打印幻灯片：执行【文件】→【打印】命令。

 解决方案

任务1　新建文档

1. 启动 PowerPoint 2010，新建演示文稿。

2. 将新建的文档保存在桌面上，文件名为"徐马竞赛项目介绍.pptx"。

3. 单击此处新建第 1 张标题幻灯片。

4. 添加标题"徐马开跑"，并设置为"华文新魏""96 磅"。

5. 添加副标题"2017－4－19"，右对齐，并设置为"Time New Roman""40""右对齐"。

任务2　新增幻灯片

1. 新建第 2 张幻灯片。

（1）执行【开始】→【幻灯片】→【新建幻灯片】命令，插入一张版式为"标题和内容"的新幻灯片，如图 19.2 所示。

（2）编辑幻灯片内容。

① 输入标题文字"竞赛项目"，执行【绘图工具/格式】→【艺术字样式】→【文本填充】→【深蓝】命令，如图 19.3 所示；执行【绘图工具/格式】→【艺术字样式】→【文本轮廓】→【深蓝】命令，如图 19.4 所示。

图 19.2　新建幻灯片

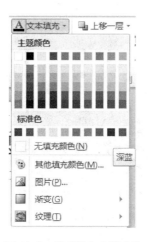

图 19.3　设置"文本填充"

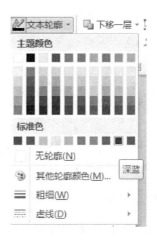

图 19.4　设置"文本轮廓"

② 执行【绘图工具/格式】→【艺术字样式】→【文本效果】→【转换】→【朝鲜鼓】命令,如图 19.5 所示,把插入的艺术字大小调至合适,并拖动到标题的位置。

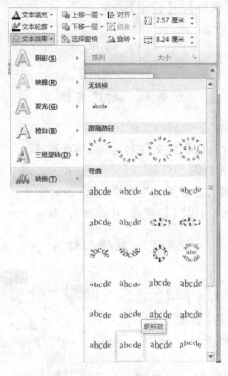

图 19.5 设置"文本效果"

③ 按照屏幕提示在文本框中单击鼠标,添加如图 19.6 所示的文本内容,段落设置双倍行距。

④ 选中文本,选择【开始】→【段落】→【项目符号】→【带填充效果的钻石形项目符号】命令,如图 19.7 所示。

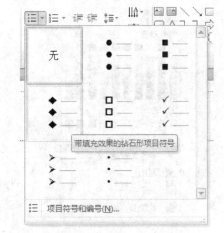

◆全程马拉松（42.195公里）

◆半程马拉松（21.0975公里）

◆迷你马拉松（7.5公里）

图 19.6 竞赛项目　　　　　　　　　图 19.7 添加项目符号

技能加油站

单击【开始】→【段落】→【项目符号】→【项目符号和编号】命令,在打开的"项目符号和编号"对话框中还可单击"图片"按钮,在打开的"图片项目符号"对话框中选择图片作为项目符号。

2. 新建第 3 张幻灯片。

(1) 执行【开始】→【幻灯片】→【新建幻灯片】命令,插入一张版式为"图片与标题"的新幻灯片,在幻灯片的标题中输入"全程马拉松比赛路线"。

(2) 在下方文本中输入"湖北路(起点)—湖西路—玉带路—珠山西路—湖中路—滨湖公园健身道路—湖东路—湖南路—珠山东路—环湖南路—大学路—黄河西路—泉新路—三环南路—御景路—昆仑大道—彭祖大道—天目路—环湖路—昆仑大道—汉源大道—紫金路—奥体中心(终点)"。

全程马拉松比赛路线

湖北路(起点) — 湖西路 — 玉带路 — 珠山西路 — 湖中路 — 滨湖公园健身道路 — 湖东路 — 湖南路 — 珠山东路 — 环湖南路 — 大学路 — 黄河西路 — 泉新路 — 三环南路 — 御景路 — 昆仑大道 — 彭祖大道 — 天目路 — 环湖路 — 昆仑大道 — 汉源大道 — 紫金路 — 奥体中心(终点)

图 19.8　第 3 张幻灯片效果

(3) 在上方的内容框"单击图标添加图片"中,添加素材文件中的全程马拉松线路图,对幻灯片中的字体、颜色等进行适当的设置,再适当地调整图片的位置和大小,完成如图19.8所示的第 3 张幻灯片。

3. 新建第 4 张幻灯片。

(1) 执行【开始】→【幻灯片】→【新建幻灯片】命令,插入一张版式为"两栏内容"的新幻灯片,在幻灯片的标题中输入"半程马拉松比赛线路"。

(2) 在左侧文本框中插入素材文件中的半程马拉松线路图的图片,在右侧文本框中输入文本"湖北路(起点)—湖西路—玉带路—珠山西路—湖中路—滨湖公园健身道路—湖东路—湖南路—珠山东路—环湖南路—大学路—黄河西路(折返)—大学路—大学路与三环南路交叉口(终点)",适当地调整图片和文字,完成如图 19.9 所示的第 4 张幻灯片。

4. 新建第 5 张幻灯片。

(1) 执行【开始】→【幻灯片】→【新建幻灯片】命令,插入一张版式为"图版标题"的幻灯片,在幻灯片的标题中输入"迷你马拉松比赛路线"。

(2) 在下方文本中输入"湖北路(起点)—湖西路—玉带路—珠山西路—湖中路—音乐厅—二环西路近音乐厅(终点)"。

(3) 在上方的内容框"单击图标添加图片"中,添加素材文件中的迷你马拉松线路图,对幻灯片中的字体、颜色等进行适当的设置,再适当地调整图片的位置和大小,完成如图 19.10 所示的第 5 张幻灯片。

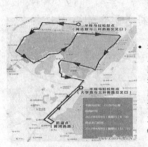

半程马拉松比赛线路

· 湖北路（起点）—湖西路—玉带路—珠山西路—湖中路—滨湖公园健身道路—湖东路—湖南路—珠山东路—环湖南路—大学路—黄河西路（折返）—大学路—大学路与三环南路交叉口（终点）

图 19.9　第 4 张幻灯片效果

迷你马拉松比赛线路

湖北路（起点）—湖西路—玉带路—珠山西路—
湖中路—音乐厅—二环西路近音乐厅（终点）

图 19.10　第 5 张幻灯片效果

任务3　美化演示文稿

1. 设置幻灯片主题。

执行【设计】→【主题】→【聚合】命令，修饰演示文稿，如图 19.11 所示。

图 19.11　设置幻灯片主题

2. 设置单张幻灯片背景。

选择第 2 张幻灯片，执行【设计】→【背景】→【背景样式】→【设置背景格式】命令，打开如图 19.12 所示的"设置背景格式"对话框，单击"填充"中的"图片或纹理填充"单选按钮，单击"文件"按钮，在打开的对话框中选择图片，为第 2 张幻灯片添加图片背景命令。

图 19.12 "设置背景格式"对话框

🔋 **技能加油站**

在设置单张幻灯片背景时,还可选择"纯色填充""渐变填充""纹理填充"或"图案填充"命令,根据需要设计不同的背景效果。

任务4 创建超链接

1. 选择第 2 张幻灯片中文本"全程马拉松(42.195 公里)",执行【插入】→【链接】→【超链接】命令,打开"插入超链接"对话框,如图 19.13 所示。

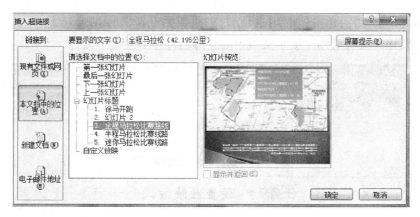

图 19.13 "插入超链接"对话框

2. 依次为文本"半程马拉松(21.095 公里)"和"迷你马拉松(7.5 公里)"添加超链接,使其分别链接到本文档中的第 4 页和第 5 页。

技能加油站

设置超链接时,不仅可以链接到本文档中的指定位置,还可以链接到指定文件或 Web 页。

任务5 设置幻灯片母版

1. 选择第 1 张幻灯片,执行【视图】→【母版视图】→【幻灯片母版】命令,打开幻灯片母版视图。

2. 在幻灯片母版视图左上角插入素材文件中的图片，设置透明色,调整大小和位置,如图 19.14 所示。

单击此处编辑母版标题样式

图 19.14 "幻灯片母版"视图

3. 执行【幻灯片母版】→【关闭】→【关闭母版视图】命令,返回普通视图。

4. 分别为其余幻灯片添加幻灯片母版图片，置于右下角,设置透明色,调整大小和位置,并设置超链接,使其链接到第 2 页。

 技能加油站

设置幻灯片母版时,也可使用插入菜单文本框命令,输入文字,调整大小和位置,作为母版文字出现在相同的版式中。

任务6 设置幻灯片切换效果

选择第 1 张幻灯片,单击【切换】选项卡,完成相关设置,如图 19.15 所示,最后单击"全部应用"按钮,该设置将应用于演示文稿中的全部幻灯片。

图 19.15 设置幻灯片切换效果

任务7 设置放映方式

执行【幻灯片放映】→【设置】→【设置幻灯片放映】命令,打开"设置放映方式"对话框,如图 19.16 所示,幻灯片的输出方式主要是放映,根据幻灯片放映场合的不同,可设置不同的放映方式。

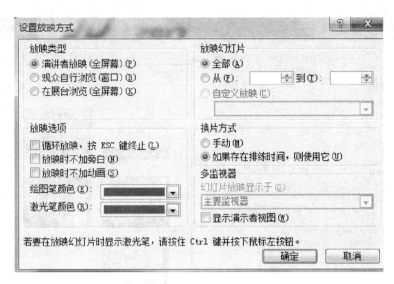

图 19.16　"设置放映方式"命令

任务8　**打印演示文稿**

1. 页面设置。

（1）单击【设计】→【页面设置】命令，打开"页面设置"对话框，如图 19.17 所示。

（2）在"幻灯片大小"下拉列表框中可选择所需要的纸张选项，在"方向"区域的"幻灯片"栏中可设置幻灯片在纸上的放置方向，完成后单击"确定"按钮。

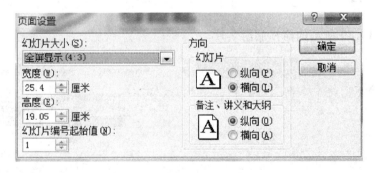

图 19.17　"页面设置"命令

2. 打印预览和打印。

（1）单击【文件】→【打印】命令，展开打印设置项，按要求完成各项设置。

（2）在设置各打印项时，窗口右侧会显示对应的打印预览效果图，如图 19.18 所示。

（3）设置完毕后，单击"打印"按钮即可开始打印。

图 19.18 "打印预览和打印设置"命令

拓展项目

制作如图 19.19 所示的徐州旅游名片。

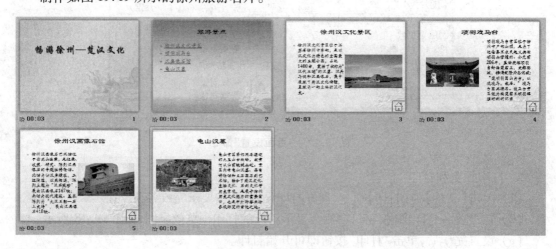

图 19.19 徐州旅游名片

操作步骤如下：

1. 新建标题幻灯片，输入标题"畅游徐州——楚汉文化"，删除副标题文本框。

2. 新建第 2 张幻灯片，版式为"标题和内容"，输入标题"旅游景点"，内容添加项目符号，如图 19.20 所示。

3. 新建第 3 至第 6 张幻灯片，版式均为"两栏内容"，输入文字，插入所需素材文件夹中的图片，如图 19.21 和图 19.22 所示。

◇ 徐州汉文化景区
◇ 项羽戏马台
◇ 汉画像石馆
◇ 龟山汉墓

图 19.20　添加项目符号

图 19.21　第 3、第 4 张幻灯片

图 19.22　第 5、第 6 张幻灯片

 技能加油站

当幻灯片有相同版式时，可以复制做好的幻灯片，编辑内容，重新插入所需的图片即可。

4. 执行【设计】→【主题】命令，选择"龙腾四海"，即为演示文稿添加"龙腾四海"主题，如图 19.23 所示。

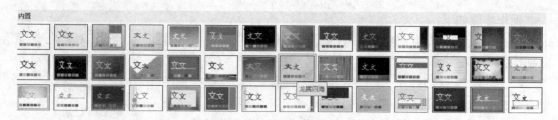

图 19.23 设计主题

5. 选择第 2 张幻灯片,添加渐变填充背景,如图 19.24 所示。

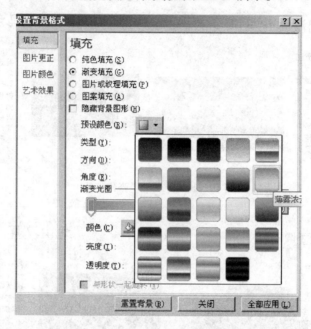

图 19.24 "设置背景格式"命令

6. 选择第 1 张幻灯片,插入艺术字,样式为"填充 – 蓝 – 灰,强调文字颜色 2,暖色粗糙棱台",并将艺术字的填充色改为"深蓝",调整字体为"华文行楷",字号为"60",如图 19.25 所示。

图 19.25 插入艺术字

7. 插入超链接: 为第 2 张幻灯片中的内容插入超链接使其分别链接到第 3 页至第 6 页。

8. 设计幻灯片母版: 选择第 3 张幻灯片,执行【视图】→【母版视图】→【幻灯片母版】命令,切换到"幻灯片母版"视图,执行【插入】→【插图】→【形状】命令,选择动作按钮⌂,设置"形状填充"为"无填充颜色","形状轮廓"为"蓝色";设计动作按钮,添加超链接,使其链接到第 2 页,如图 19.26 所示,执行【幻灯片母版】→【关闭】→【关闭母版视图】命令,返回普通视图。

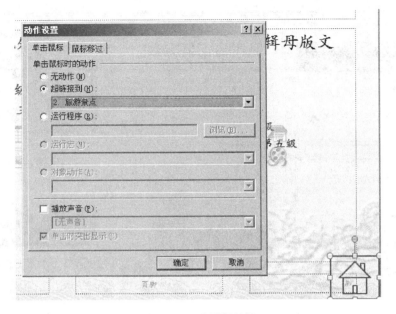

图 19.26 设置超链接

9. 将演示文稿中的幻灯片切换方式设置为"分割"的效果。

10. 保存演示文稿。

11. 观看幻灯片放映,浏览所创建的演示文稿。

 课后练习

1. 制作奥运安保演示文稿,效果如图 19.27 所示。

图 19.27 奥运安保演示文稿

2. 制作 2018 年农业发展方针演示文稿,效果如图 19.28 所示。

图 19.28　2018 年农业发展方针演示文稿

项目小结

　　本项目通过制作"徐马竞赛项目介绍""徐州旅游名片""奥运安保演示文稿""2018 年农业发展方针演示文稿",读者掌握 PowerPoint 2010 中演示文稿的创建和保存、新增幻灯片、文本编辑、项目符号和编号的添加、幻灯片版式的设置、主题设置、背景设置、幻灯片中图片的插入和编辑、超链接的创建、演示文稿的切换及放映等操作方法。合理使用超链接和动作按钮可以增加演示文稿的交互性。读者在学会项目案例制作的同时,能够活学活用到实际工作生活中。

项目二十

产品推广策划草案幻灯片的制作

 项目简介

　　在演示文稿中应用图表和 SmartArt 来表现信息,要比单纯的数字型信息更明确、更直观,让人一目了然。PowerPoint 2010 演示文稿中,任何数据所表达的信息都能够使用图表或 SmartArt 来表达。本项目以制作某企业的产品推广策划草案为例,展示新产品的基本情况,新产品销售的重点区域、销售网络等,如图 20.1 所示。

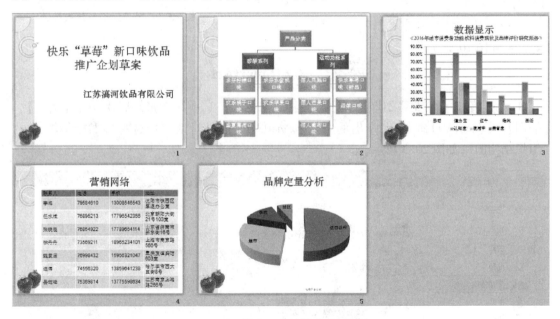

图 20.1　某企业产品推广策划草案

 知识点导入

　　1. 新建、保存演示文稿:启动 PowerPoint 2010,单击【文件】→【保存】(或【另存为】)命令。

　　2. 在幻灯片中添加 SmartArt:执行【插入】→【插图】→【SmartArt】命令,选择适合的图形。

3. 在幻灯片中添加图表：执行【插入】→【插图】→【图表】命令，选择适合的图表。

4. 在幻灯片中添加表格：执行【插入】→【表格】→【表格】命令。

5. 设置页眉和页脚：执行【插入】→【文本】→【页眉和页脚】命令。

 解决方案

任务 1　应用幻灯片版式

1. 启动 PowerPoint 2010，新建演示文稿。

2. 将新建的文档保存在桌面上，文件名为"某企业产品推广策划草案.pptx"。

3. 单击此处新建第 1 张标题幻灯片。

4. 输入主标题"快乐'草莓'新口味饮品推广企划草案"，字体为"华文中宋"，字号为"48"；输入副标题"江苏滴河饮品有限公司"，字体为"华文中宋"，字号为"40"。

5. 执行【设计】→【主题】→【夏至】命令，装饰演示文稿，如图 20.2 所示。

快乐"草莓"新口味饮品
推广企划草案

江苏滴河饮品有限公司

图 20.2　第 1 张幻灯片效果图

任务 2　插入 SmartArt

1. 新建第 2 至第 5 张幻灯片，版式为"标题和内容"；选中第 2 张幻灯片，执行【插入】→【插图】→【SmartArt】命令，在弹出的"选择 SmartArt 图形"对话框中选择"层次结构"中的"组织结构图"，如图 20.3 所示。

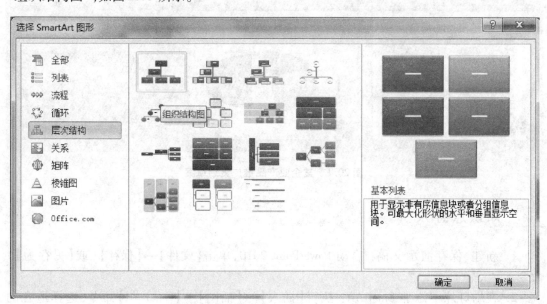

图 20.3　"选择 SmartArt 图形"对话框

2. 编辑幻灯片内容。

（1）在幻灯片中填写相应的内容，如图 20.4 所示。选取组织结构图中的文本，可对其进行格式设置。

 技能加油站

　　默认情况下，组织结构图给出的层次和每层文本框数不多，若实际应用中不够，可添加层数或每层文本框数，操作方法是：选中某文本框并右击，在弹出的快捷菜单中选择"添加形状"，根据需要进行选择即可，如图 20.5 所示。

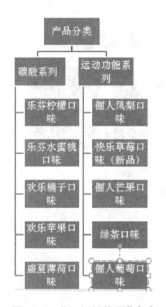

图 20.4　"组织结构图"命令

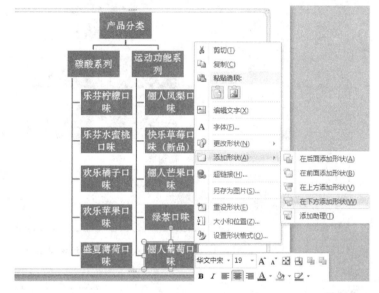

图 20.5　"添加形状"命令

（2）选择"碳酸系列"，执行【SmartArt 工具/设计】→【创建图形】→【布局】→【两者】命令，调整组织结构图的布局，同样设置"运动功能系列"，如图 20.6 所示。

3. 修饰组织结构图。

（1）执行【SmartArt 工具/设计】→【SmartArt 样式】→【更改颜色】命令，打开如图 20.7 所示的下拉列表，选择"彩色"中第 2 种颜色"彩色范围 – 强调文字颜色 2 至 3"，设置整个组织机构图的配色方案，效果如图 20.8 所示。

（2）单击【SmartArt 工具/设计】→【SmartArt 样式】→【其他】命令，打开如图 20.9 所示列表，选择"三维"中的"优雅"选项，对整个组织结构图应用新的样式，效果如图 20.10 所示。

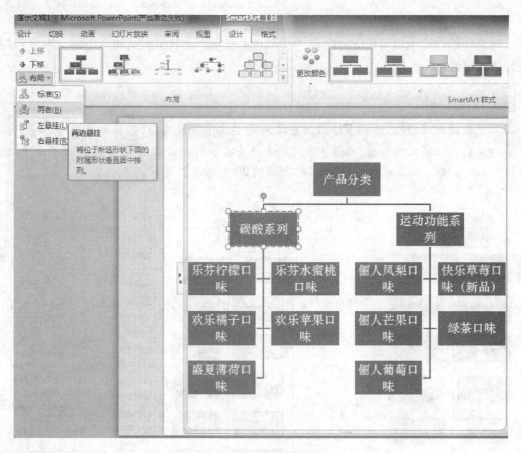

图 20.6 调整组织结构图的布局

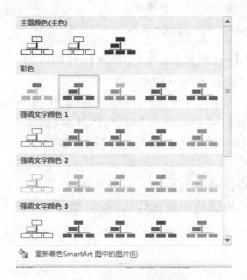

图 20.7 【更改颜色】命令

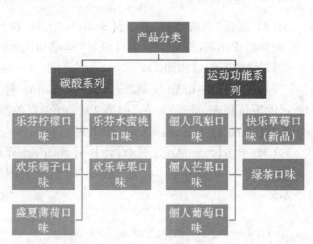

图 20.8 设置整个组织结构图的配色方案

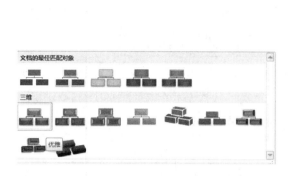

图 20.9 "SmartArt 样式"命令

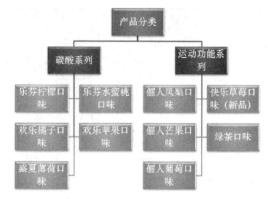

图 20.10 "三维"→"优雅"效果图

技能加油站

【SmartArt 工具】不仅可以使用【设计】工具配置图形的颜色,还可使用【格式】→【形状样式】命令自行设计"形状填充""形状轮廓""形状效果"。

任务3 插入表格

1. 选择第 4 张幻灯片,执行【插入】→【表格】→【表格】命令(或【插入表格】)选项,如图 20.11 所示,在弹出的"插入表格"对话框中填写列数和行数值,如图 20.12 所示,单击"确定"按钮,即完成表格的插入。

2. 编辑表格中的文字,调整字体、字号、对齐方式等,完成效果如图 20.13 所示。

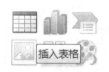

图 20.11 "插入表格"选项

图 20.12 "插入表格"对话框

营销网络

联系人	电话	手机	地址
李海	79584610	13008546543	沈阳市铁西区军退办公室
任水斌	76895213	17796542356	北京朝阳大街21号103室
张晓晨	76854922	17789654114	山东省济南市新东街16号
徐丹丹	73569211	18965234101	上海市南京路566号
魏爱国	76998432	15956321047	重庆友谊宾馆603室
连伟	74556320	13859641238	哈尔滨市西大直街8号
岳雄峰	75369814	13775598634	江苏南京上海路266号

图 20.13 第 4 张幻灯片效果图

任务4 插入图表

1. 选择第 3 张幻灯片,执行【插入】→【插图】→【图表】命令,在弹出的对话框中选择"柱形图"中的"簇状柱形图",如图 20.14 所示。

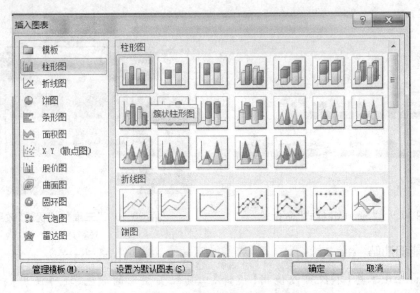

图 20.14 "插入图表"对话框

2. 单击"确定"按钮,在弹出的 Excel 工作表中输入数据,如图 20.15 所示,幻灯片上出现相应的图表,如图 20.16 所示。

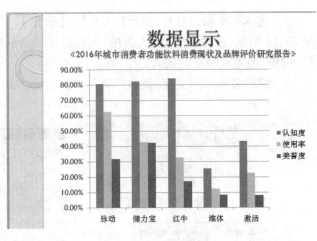

	A	B	C	D
1		认知度	使用率	美誉度
2	脉动	80.65%	62.50%	31.70%
3	健力宝	82.50%	42.70%	42.40%
4	红牛	84.40%	32.50%	17.20%
5	维体	25.60%	12.30%	8.50%
6	激活	43.20%	22.70%	8.00%

图 20.15 输入工作表数据

图 20.16 相应的图表

3. 设置图表格式,美化图表:选中图表,执行【图表工具/设计】→【图表样式】→【样式26】命令,如图 20.17 所示。

4. 选择第 5 张幻灯片,单击【插入】→【插图】→【图表】命令,在弹出的对话框中选择"饼图"中的"分离型饼图",参考上述步骤,制作第 5 张幻灯片,效果如图 20.18 所示。

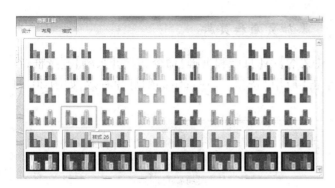

图 20.17　选择样式命令

图 20.18　第 5 张幻灯片效果图

技能加油站

对默认图表格式不满意时,可选中图表后单击【图表工具/布局】选项卡,修改"绘图区""图表区""图例""网格线"的格式、颜色等,还可以通过【格式】选项卡,自行选择喜欢的颜色进行设置。

任务 5　设置幻灯片母版

1. 选择第 1 张幻灯片,执行【视图】→【母版视图】→【幻灯片母版】命令,打开幻灯片母版视图。

2. 前面的项目中已经详细介绍了母版的创建方法,本节不再赘述,创建完成后的母版样式如图 20.19、图 20.20 所示。

图 20.19　首页母版样式

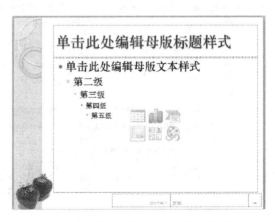

图 20.20　第 2 至第 5 张幻灯片母版样式

技能加油站

设置幻灯片母版时,也可使用【插入】→【文本】→【文本框】命令,输入文字,调整大小和位置,作为母版文字出现在相同的版式中。

> **任务6** 添加页眉和页脚

　　选择第 5 张幻灯片,执行【插入】→【文本】→【页眉和页脚】命令,勾选【页脚】复选框,在文本框中输入文字"飞燕广告公司",单击【应用】按钮,仅在选定的幻灯片有效,如图 20.21 所示。

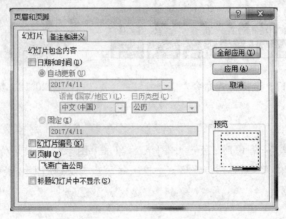

图 20.21 "页眉和页脚"对话框

拓展项目

　　制作如图 20.22 所示的校园文化艺术节。

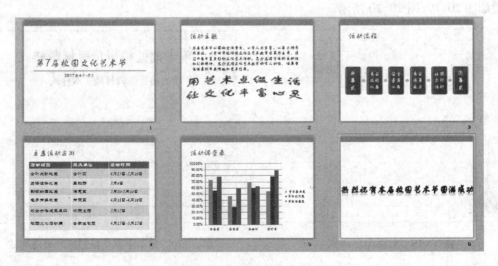

图 20.22 校园文化艺术节

　　操作步骤如下:

　　1. 启动 PowerPoint 2010,新建一份空白演示文稿,将文档以"校园文化节"为名保存在桌面上。

　　2. 新建标题幻灯片,制作第 1 张幻灯片,输入主标题文字"第 7 届校园文化艺术节"和副标题文字"2017 年 4 月～5 月",调整字体、字号。

3. 执行【设计】→【主题】→【透明】命令,装饰整个演示文稿,效果如图 20.23 所示。

图 20.23　第 1 张幻灯片效果图

4. 新建第 2 张幻灯片,版式为"标题和内容",输入标题和文本内容,并插入艺术字"用艺术点缀生活,让文化丰富心灵",执行【绘图工具/格式】→【艺术字样式】→【文本效果】→【转换】→【双波形 1】,字体颜色为"红色",效果如图 20.24 所示。

图 20.24　第 2 张幻灯片效果图

5. 新建第 3 张幻灯片,版式为"标题和内容",插入 SmartArt 图形。

(1)执行【插入】→【插图】→【SmartArt】命令,打开"选择 SmartArt 图形"对话框。

(2)选择"流程"中的"基本流程",执行【SmartArt 工具/设计】→【创建图形】→【添加形状】→【在后面添加形状】命令,插入如图 20.25 所示的文本。

图 20.25　插入 SmartArt 图形

(3)选中 SmartArt 图形,执行【SmartArt 工具/设计】→【SmartArt 样式】→【更改颜色】→【主题颜色(主色)】→【深色 2 填充】命令,如图 20.26 所示。

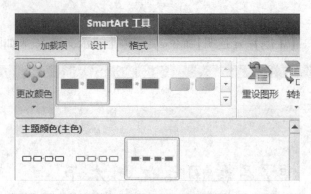

图20.26　【更改颜色】命令

（4）执行【SmartArt 工具/设计】→【SmartArt 样式】→【其他】命令，选择"三维"中的"优雅"选项，更改字体字号为"32"，对整个组织结构图应用新的样式，效果如图20.27 所示。

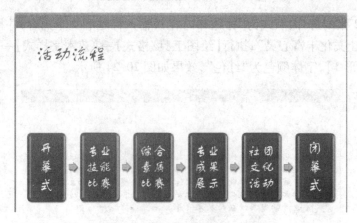

图20.27　第3张幻灯片效果图

6. 新建第4 张幻灯片，版式为"标题和内容"，插入表格。

（1）选择第4 张幻灯片，执行【插入】→【表格】→【表格】命令，在弹出的"插入表格"对话框中，插入一个7行3列的表格，如图20.28 所示，单击"确定"按钮，即完成表格的插入。

图20.28　"插入表格"命令

（2）编辑表格中的文字，根据要求调整字体、字号、对齐方式等，完成效果如图20.29所示。

主要活动安排		
活动项目	承办单位	活动时间
会计点钞比赛	会计系	4月17日-5月20日
英语演讲比赛	基础部	5月8日
影视动画比赛	信息系	5月10-5月20日
电子商务比赛	商贸系	4月21日-4月26日
校企合作成果展示	校团文部	5月25日
社团文化活动周	各学生社团	4月15日-5月15日

图20.29　第4张幻灯片效果图

7. 新建第5张幻灯片，版式为"标题和内容"，插入图表。

（1）选择第5张幻灯片，执行【插入】→【插图】→【图表】命令，在弹出的对话框中选择"柱形图"中的"簇状柱形图"。

	A	B	C	D
1		学生参与度	学生欢迎度	学生满意度
2	信息系	73.20%	55.90%	78.20%
3	商贸系	46.70%	29.20%	59.20%
4	基础部	69.20%	60.10%	63.20%
5	会计系	54.60%	79.20%	89.20%

图20.30　输入工作表数据

（2）单击"确定"按钮，在弹出的Excel工作表中输入数据，如图20.30所示，幻灯片上出现相应的图表，如图20.31所示。

（3）选中图表，单击【图表工具/格式】选项卡，更改系列"学生参与度""学生欢迎度""学生满意度"的形状填充颜色，效果如图20.32所示。

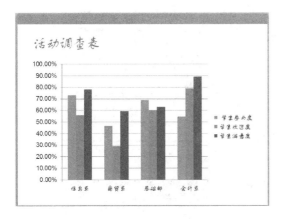

图20.31　相应的图表

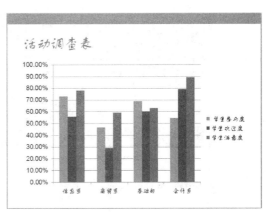

图20.32　第5张幻灯片效果图

8. 新建第6张幻灯片,版式为"空白",插入艺术字。

执行【插入】→【文本】→【艺术字】命令,在弹出的下拉列表中选择第4行第5个"渐变填充－蓝－灰,强调文字颜色4,映像",并编辑文字"热烈祝贺本届校园文化艺术节圆满成功",效果如图20.33所示。

图20.33 第6张幻灯片效果图

课后练习

1. 制作某汽车品牌传播策划案,效果如图20.34所示。

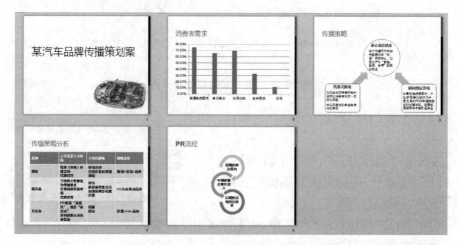

图20.34 某汽车品牌传播策划案

2. 制作公司宣传方案,效果如图20.35所示。

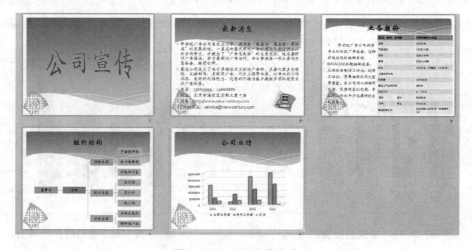

图20.35 公司宣传方案

项目小结

　　本项目通过制作"某企业产品推广策划草案""校园文化艺术节""某汽车品牌传播策划案""公司宣传方案",使读者学会在 PowerPoint 2010 中插入图表、表格、SmartArt 图形,设置页眉和页脚等方法。在制作的过程中,要注意各种对象的插入和编辑,为达到最佳视觉效果,还要综合其他知识的应用。读者在学会项目案例制作的同时,能够应用到实际工作生活中。

项目二十一

相册的制作

项目简介

科技时代数码产品不断升级、不断普及。数码相机、手机都可以用来拍照片,如何方便快捷地展示这些照片呢?此时我们需要一个电子相册,将照片全部放到相册中,需要时拿出来欣赏。用 PowerPoint 2010 就可以轻松地制作出漂亮的电子相册来。如图 21.1 所示就是利用 PowerPoint 2010 软件制作出来的"美丽的多肉植物"电子相册。

图 21.1 "美丽的多肉植物"电子相册

知识点导入

1. 新建相册演示文稿:启动 PowerPoint 2010,执行【插入】→【图像】→【相册】→【新建相册】命令。

2. 插入形状:执行【插入】→【插图】→【形状】命令,选择适合的形状。

3. 设置背景音乐:执行【插入】→【媒体】→【音频】命令,选择适合的音频。

4. 设置幻灯片切换效果:执行【切换】→【切换到此幻灯片】命令。

5. 设置动画效果：执行【动画】→【动画】命令。

6. 打包演示文稿：执行【文件】→【保存并发送】→【将演示文稿打包成 CD】命令。

 解决方案

任务1　新建相册演示稿

1. 启动 PowerPoint 2010，新建空白演示文稿"美丽的多肉植物. pptx"。

2. 执行【插入】→【图像】→【相册】→【新建相册】命令，打开"相册"对话框，如图 21.2 所示。

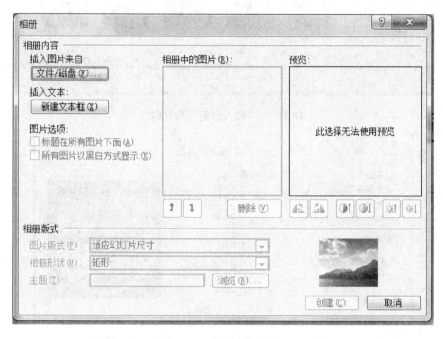

图 21.2　"相册"对话框

3. 单击"文件/磁盘"按钮，打开"插入新图片"对话框，找到素材文件夹，如图 21.3 所示，单击第 1 张图片，按【Ctrl】+【A】组合键全选素材文件夹中的所有图片，单击"插入"按钮，返回"相册"对话框。在"相册中的图片"列表框中选中需要编辑的图片，通过上下箭头可以调整图片的先后顺序，如图 21.4 所示。

图 21.3　"插入新图片"对话框

图 21.4　调整图片位置

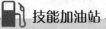　**技能加油站**

　　在选中图片时,按住【Shift】键或【Ctrl】键,可以一次选中多个连续或不连续的图片。选中的图片还可以通过"旋转"按钮、"对比度"按钮、"亮度"按钮进行不同的设置。

　　4. 在"相册"对话框的"相册版式"区域内,单击"图片版式"右侧的下拉按钮,在下拉列表中选择图片版式"2 张图片(带标题)",设置"相框形状"为"复杂框架,黑色",单击"主题"

右侧的"浏览"按钮,在弹出的"选择主题"对话框中选择"Trek. thmx"主题,单击"选择"按钮,返回"相册"对话框,如图21.5所示。

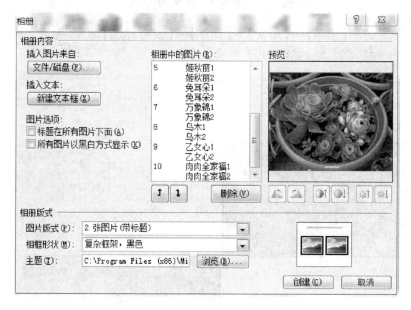

图21.5 编辑相册

5. 单击"创建"按钮,图片被一一插入演示文稿中,并自动在第1张幻灯片中留出相册的标题,输入"美丽的多肉植物",删除副标题,如图21.6所示。

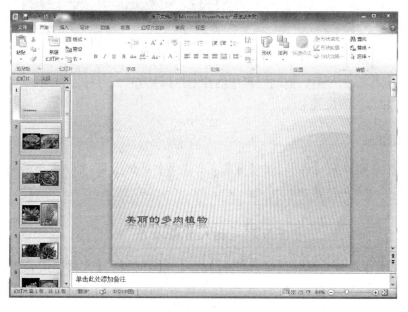

图21.6 标题幻灯片

6. 单击左侧幻灯片缩略图,分别选中每一张幻灯片,依次为每一张幻灯片的图片配上标题,标题分别为"达摩宝草""山地玫瑰""不死鸟""古紫""姬秋丽""兔耳朵""万象锦"

"乌木""乙女心""多肉全家福"。

任务2　图形中的文字标注

1. 执行【插入】→【插图】→【形状】→【标注】→【云形标注】命令,为第 3 张幻灯片添加"好像真的玫瑰一样"的标注,如图 21.7 所示。

图 21.7　"云形标注"效果

2. 选中"云形标注"形状,拖动图形中的控制点调整好"云形标注"形状的大小、方向,将其定位在幻灯片合适的位置上。

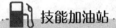 **技能加油站**

　　【插入】→【插图】→【形状】中还有文本框工具和其他图形,可以根据需要添加其他图形放到幻灯片其他位置。

任务3　插入背景音乐

1. 选中第 1 张幻灯片,执行【插入】→【媒体】→【音频】→【文件中的音频】命令,打开"插入音频"对话框,如图 21.8 所示,选中"背景音乐.mp3",单击"插入"按钮,将音频插入第 1 张幻灯片右下角,此时相应位置会出现一个小喇叭标记。

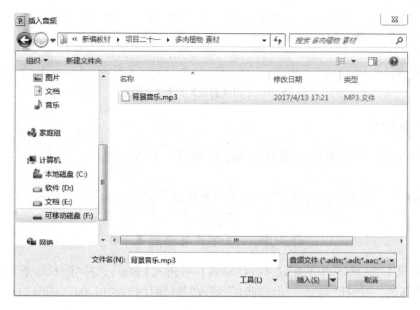

图 21.8　"插入音频"对话框

2. 选中上述小喇叭标记,在【音频工具/播放】→【音频选项】选项组中将"开始"设置为"跨幻灯片播放",同时勾选"循环播放,直到停止"复选框,如图 21.9 所示,这样在幻灯片播放的整个过程中都会有背景音乐。

图 21.9　【音频选项】选项组

技能加油站

在幻灯片中除了插入音频,还可插入来自文件、网站或剪贴画视频。

任务 4　设置幻灯片切换效果

1. 选择第 1 张幻灯片,执行【切换】→【切换到此幻灯片】→【立方体】命令,如图 21.10 所示。

2. 依次设置【效果选项】为"自左侧","持续时间"为"01.20",取消选中"单击鼠标时"复选框,选中"设置自动换片时间:00:01.00"复选框。

3. 在上述窗口中单击"全部应用"按钮,将此切换效果应用于整个演示文稿的所有幻灯片中。

图 21.10 【切换到此幻灯片】选项组

技能加油站

　　幻灯片切换效果是演示期间从上一张幻灯片移到下一张幻灯片时出现的动画效果。

　　切换效果可以分为三大类："细微型""华丽型""动态内容"。

任务 5　幻灯片动画效果

　　1. 选择第 1 张幻灯片中的标题,执行【动画】→【进入】命令,选择"随机线条"效果,在【计时】组中的"开始"中选择"与上一动画同时",更改"持续时间"为"01.00",如图 21.11 所示。

图 21.11 【动画】命令

　　2. 设置第 2 张幻灯片的标题和图片动画。

　　(1) 选择标题"达摩宝草",执行【动画】→【进入】命令,选择"劈裂"效果,在【计时】组中的"开始"中选择"与上一动画同时",更改"持续时间"为"01.00"。

　　(2) 同时选中第 2 张幻灯片中的图片,执行【动画】→【进入】命令,选择"缩放"效果,在【计时】组中的"开始"中选择"上一动画之后",更改"持续时间"为"00.75",打开"动画窗格",单击"播放"按钮查看效果,如图 21.12 所示。

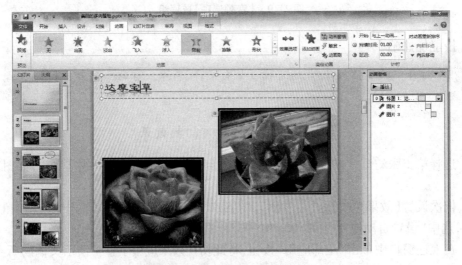

图 21.12 第 2 张幻灯片动画命令

3. 用同样的方法设置其余幻灯片的标题和图片的动画效果。

技能加油站

动画是幻灯片的精华,可以增加幻灯片的动感效果,PowerPoint 2010 有四种不同类型的动画效果:进入效果、退出效果、强调效果、动作路径。

任务6　演示文稿的打包设置

1. 单击【文件】→【保存并发送】命令,弹出下一级菜单。

2. 选择【将演示文稿打包成 CD】选项,弹出"将演示文稿打包成 CD"窗格,如图 21.13 所示。

图 21.13　打包设置

3. 单击"打包成 CD"按钮,弹出"打包成 CD"对话框,如图 21.14 所示。

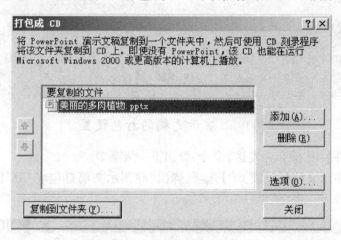

图 21.14 "打包成 CD"对话框

4. 单击"复制到文件夹"按钮,弹出"复制到文件夹"对话框,在"文件夹名称"文本框中输入"美丽的多肉植物",单击"浏览"按钮,选择桌面作为存放打包文件的位置,如图 21.15 所示。

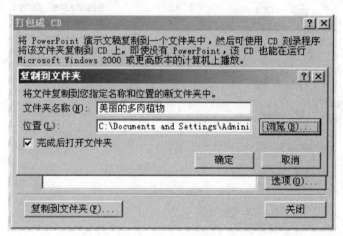

图 21.15 "复制到文件夹"对话框

5. 单击"确定"按钮,弹出如图 21.16 所示的对话框,单击"是"按钮,即可完成打包操作。

图 21.16 "是否包含链接文件"命令

拓展项目

制作如图21.17所示的欧洲旅游相册。

图21.17　欧洲旅游相册

操作步骤如下：

1. 启动 PowerPoint 2010,新建空白演示文稿。

2. 执行【插入】→【图像】→【相册】→【新建相册】命令,打开"相册"对话框,单击"文件/磁盘"按钮,打开"插入新图片"对话框,找到素材文件夹,全选素材文件夹中的所有图片,单击"插入"按钮,返回"相册"对话框。

3. 在"相册"对话框的"相册版式"区域内,单击"图片版式"右侧的下拉按钮,在下拉列表中选择图片版式"2张图片";单击"相框形状"右侧的下拉按钮,在下拉列表中选择"柔化边缘矩形",单击"主题"右侧的"浏览"按钮,在弹出的"选择主题"对话框中选择"Slipstream. thmx"主题,单击"选择"按钮,返回"相册"对话框,如图21.2所示。

4. 单击"创建"按钮,图片被一一插入演示文稿中。

（1）设置第1张幻灯片标题为"欧洲旅游相册",删除副标题。

（2）单击第2张幻灯片缩略图,执行【插入】→【文本】→【文本框】→【横排文本框】命令,在文末右下角插入文本框,编辑文

图21.18　编辑幻灯片标题

字"埃菲尔铁塔"。

（3）依次单击其余幻灯片，添加照片说明"白金汉宫""比萨斜塔""大本钟""凡尔赛宫""凯旋门""卢浮宫""伦敦桥""圣保罗大教堂""威斯敏斯特大教室"，如图21.18所示。

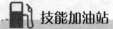 **技能加油站**

> 执行【插入】→【文本】→【文本框】命令，插入文本框后可以通过【绘图工具/格式】→【形状样式】命令设置"形状填充""形状轮廓""形状效果"。

5. 插入音频和视频文件。

（1）选择第1张幻灯片，执行【插入】→【媒体】→【音频】→【文件中的音频】命令，打开"插入音频"对话框，选中"背景音乐.mp3"，单击"插入"按钮，将音频插入第1张幻灯片右下角，此时相应位置会出现一个小喇叭标记；在【音频工具/播放】→【音频选项】选项组中的"开始"右边下拉列表中选择"跨幻灯片播放"，同时勾选"循环播放，直到停止"复选框，这样在幻灯片播放的整个过程中都会有背景音乐。

（2）执行【插入】→【媒体】→【视频】→【剪贴画视频】命令，打开如图21.19所示的"剪贴画"窗格，选择最后一个剪贴画视频，插入第1张幻灯片中。

（3）调整音频和视频在幻灯片中的大小和位置，如图21.20所示。

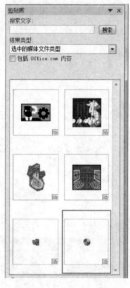

图21.19　"剪贴画"命令

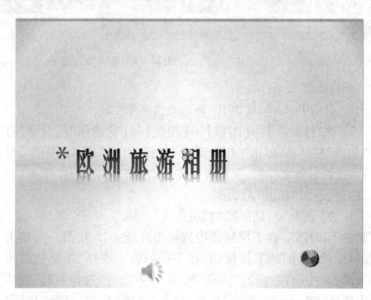

图21.20　第1张幻灯片效果

6. 选择第1张幻灯片，执行【切换】→【切换到此幻灯片】→【显示】命令，勾选"设置自动换片时间"复选框，并设置为"00：01.00"，如图21.21所示，单击"全部应用"按钮，为全部幻灯片添加切换效果。

图 21.21　第 1 张幻灯片切换命令

7. 添加幻灯片动画。

（1）选择第 1 张幻灯片标题,执行【动画】→【动画】→【进入】命令,选择"浮入"效果,设置【计时】选项组中的"开始"为"与上一动画同时","持续时间"为"01.00",如图 21.22 所示。

图 21.22　第 1 张幻灯片动画命令

（2）设置第 2 张幻灯片标题和图片动画。选择标题"埃菲尔铁塔",执行【动画】→【动画】→【进入】命令,选择"淡出"效果,设置【计时】选项组中的"开始"为"与上一动画同时",更改"持续时间"为"01.00";同时选中第 2 张幻灯片中的图片,执行【动画】→【动画】→【进入】命令,选择"轮子"效果,设置【计时】选项组中的"开始"为"上一动画之后",更改"持续时间"为"02.00"。执行【高级动画】→【动画窗格】命令,在打开的"动画窗格"中单击"播放"按钮,查看效果,如图 21.24 所示。

图 21.23　第 2 张幻灯片动画效果

（3）依次为其余幻灯片对象添加动画效果。

8．执行【文件】→【保存并发送】→【将演示文稿打包成 CD】→【打包成 CD】命令，将演示文稿打包。

 课后练习

1．制作名车相册，效果如图 21.24 所示。

图 21.24　名车相册

2．制作游览名山，效果如图 21.25 所示。

图 21.25　游览名山

项目小结

　　本项目通过制作"美丽的多肉植物"电子相册、"欧洲旅游相册",使读者学会插入形状、背景音乐,设置切换方法、效果、动画效果,打包相册等。在制作过程中,首先要注意插入相片的顺序,其次要注意动画效果的使用,使其达到观看的最佳效果。读者在学会项目案例制作的同时,能够活学活用到实际工作生活中。